"你的全世界来了"科普阅读书系

动物来了

王水香 ◎ 编 著

丛书主编：安若水
副 主 编：张晓冬 毕研波
编　者：王水香 海 秋 毕经纬 马 然 张润通
插　　图：支晓光

山西出版传媒集团　山西教育出版社

图书在版编目（CIP）数据

动物来了／王水香编著． — 太原：山西教育出版社，2020.5（2021.1重印）
（"你的全世界来了"科普阅读书系／安若水主编）
ISBN 978-7-5703-0966-5

Ⅰ．①动… Ⅱ．①王… Ⅲ．①动物－青少年读物 Ⅳ．①Q95-49

中国版本图书馆CIP数据核字（2020）第051771号

动物来了
DONGWU LAILE

策　　划	彭琼梅
责任编辑	裴　斐
复　　审	姚吉祥
终　　审	彭琼梅
装帧设计	崔文娟
印装监制	蔡　洁

出版发行	山西出版传媒集团·山西教育出版社
	（太原市水西门街馒头巷7号　电话：0351-4729801　邮编：030002）
印　　装	山西三联印刷厂
开　　本	890×1240　1/32
印　　张	5
字　　数	104千字
版　　次	2020年5月第1版　2021年1月山西第2次印刷
印　　数	5 001—8 000册
书　　号	ISBN 978-7-5703-0966-5
定　　价	23.00元

如发现印装质量问题，影响阅读，请与出版社联系调换。电话：0351-4729718

你的全世界来了

㊵ 南极绅士——企鹅　　　　118
㊶ 可可西里的藏羚羊　　　　121
㊷ 老寿星——海龟　　　　　124
㊸ 变色龙——避役　　　　　127
㊹ 群体生活的蚂蚁　　　　　130
㊺ 自尊心极强的藏獒　　　　133
㊻ 暴饮暴食的蟒蛇　　　　　136
㊼ 脾气不太好的犀牛　　　　139
㊽ 可怕的蚊子　　　　　　　142
㊾ 最大的老虎——东北虎　　145
㊿ 长牙和长鼻子的大象　　　148
51 动物逃生有趣多多　　　　151
52 保护动物就是保护我们自己　154

目录

27	善于教育的果子狸	79
28	捕虫能手——青蛙	82
29	会爬树的鱼	85
30	"活雷达"蝙蝠	88
31	"仁、义、礼、智、信"的大雁	91
32	可爱的小燕子	94
33	身披铠甲的犰狳	97
34	惰性十足的树懒	100
35	繁殖最快的蚜虫	103
36	分身有术的海参	106
37	北极霸王——北极熊	109
38	地球上最大的鸟	112
39	"二次入水"的鲸	115

你的全世界来了

⑭ 屈指可数的鳄类——扬子鳄　　40
⑮ "四不像"的麋鹿　　43
⑯ 不可思议的鸭嘴兽　　46
⑰ 精致的蜂鸟　　49
⑱ "森林医生"啄木鸟　　52
⑲ 鸠占鹊巢的杜鹃鸟　　55
⑳ 智慧的猫头鹰　　58
㉑ 原始骆驼兔子大　　61
㉒ 舌头灵活的食蚁兽　　64
㉓ 朝生暮死的蜉蝣　　67
㉔ 相爱相杀的接吻鱼　　70
㉕ 足智多谋的章鱼　　73
㉖ 眼睛长一侧的比目鱼　　76

目录

❶	动物是人类的亲密朋友	1
❷	海绵宝宝居然是最古老的生物	4
❸	统治世界的三叶虫	7
❹	水母与小牧鱼的攻守同盟	10
❺	奇虾——寒武纪的海洋巨无霸	13
❻	脊椎动物的起源——文昌鱼	16
❼	古老的两栖动物——娃娃鱼	19
❽	始祖鸟是谁的祖先？	22
❾	由雄性生育的动物——海马	25
❿	美丽的珊瑚是动物	28
⓫	会用麻醉手段的萤火虫	31
⓬	鸣虫之首——蟋蟀	34
⓭	一粒花生米大的袋鼠	37

动物来了

 ① 动物是人类的亲密朋友

小燕子,穿花衣,年年春天来这里……

我们唱的小燕子是什么呀?是鸟,是天上飞的一种动物。

动物有天上飞的,地上走的,水里游的,树上爬的……动物实在有好多好多啊!正是有了动物这个大家族,我们的世界才丰富多彩、生机勃勃。

地球是我们共同的家园,动物是人类的亲密朋友。

我们随时可以看到它们的行踪,春天的燕子、夏天的萤火虫、秋天的蝉、冬天的野狼。

燕子

我们随处可以看到它们的身影,草原上的骏马,冰原上的企鹅,河水里的鱼虾,天空中的小鸟。

我们随时随处都可以看到它们,那么世界上到底有多少种动物呢?

动物学家已经做过统计,世界上已知的动物种类大约有150万种。这可真是个庞大的家族啊!

为了研究的方便,人们将特征相同或相似的动物进行了归类,分成脊椎动物和无脊椎动物两大类。两者最明显的区别就是是否有脊椎骨。另外,脊椎动物的身体由头、躯干和尾三部分构成,一般是左右对称的。

脊椎动物包括鱼类、爬行类、鸟类、两栖类、哺乳类五大类。

无脊椎动物包括单细胞动物、腔肠动物、扁形动物、线形动物、环节动物、软体动物、节肢动物、棘皮动物八大类。

无脊椎动物非常多,它们占世界上所有动物的90%以上。

所有动物的进化都是一个从单细胞到多细胞、从低等到高等、从简单到复杂、从水生到陆生的过程。

动物在这个世界上不断地繁衍生息,从简单的单细胞动物到后来的多细胞动物,那么较早的始前动物有哪些呢?有哪些凭据呢?它们的出现又有什么意义呢?

某种动物在特定的地质时期,从世界上大规模地消失了,这是什么原因造成的?

为了让野生动物有更大的生存空间,我国对哪些野生动物采取了哪些保护措施?

动物在与自然不断的抗争中,除了像壁虎咬断自己的尾巴自救之外,还有哪些动物有自己独特的生存密码,让生命顽强地存活下来?

鸽子

除了衔回橄榄枝的那只鸽子,还有哪些动物本身承载了人类的美好愿望?

随着人类科学的不断发展,除了利用蝙蝠研究发明了雷达、利用青蛙发明了电子蛙眼之外,人类还对哪些动物进行了细致的研究,促使仿生学有了巨大的发展?

动物世界千姿百态,总有一些特立独行的动物存活在地球上,比如会发出小孩子哭声的娃娃鱼、可以改变颜色的避役、由雄性生育的海马……

动物在长期的繁衍进化过程中,还有一些达到了极致,比如最小的蜂鸟、最大的奇虾、最能鸣唱的促织……

同学们,本书将带着你们去解读动物和与动物相关的话题,在学习知识的同时也会给你带来乐趣。

2 海绵宝宝居然是最古老的生物

动物的进化遵循从简单到复杂、从低等到高等、从水生到陆生的规律,一步一步地演变而来。

动物在地球上生存了几亿年,那么最早出现的动物是什么呢?

我相信不少同学都看过动画片《海绵宝宝》吧!片中的主人公居住在太平洋深处景色优美的比基尼海滩水域下,其实它就是一个黄色的方形海绵。

现代研究表明动物最早的祖先就是海绵,它们在地球上已经生存了至少5.6亿年。

像海绵宝宝一样,海绵确实是生活在水中。可是它与那个露着两颗大板牙的海绵宝宝还是不同的。

海绵长得一点也不像动物。它们似乎不吃不动,并且还生芽、分枝,所以最初人们一直把海绵当作植物。有人还把海绵当成蠕虫的窝。直到1765年一位叫爱勒斯的生物学家第一次将海绵归为动物。

海绵具有动物的基本特征。海绵并非不吃东西,它扁平的身体上面有许多小孔,水通过这些小孔"哗哗"地流入海绵体内,有时流入的水多达2吨,海绵就是利用环细胞的长鞭毛过滤留住食物,不动声色地吃到了东西。

海绵也并非完全不动,它身上有钢架似的"骨针",但只是固定了其中的一端,可以保持海绵具有的形态,而它环细胞的长鞭毛是一直动着的。

海绵动物的形态多样,常见的有管状、伞状、杯子状,还有不定形的

海绵动物的形态多样,常见的有管状、伞状、杯子状,还有不定形的。其长短也不同,从3厘米到2米不等,而且常附着在别的物质上。有的海绵十分美丽,呈现鲜艳的黄色或红色。

海绵动物门约有5000个物种。

海绵动物属于动物界最原始的无脊椎动物,它不像动画片里的海绵宝宝那样五官俱全,头脑都有。它没有心脏、脑、头、嘴等器官。

海绵的生命力很强,当它被切开以后,每一块都能"复活"。因为它的细胞是全能的,内层细胞可以变来变去。

海绵雌雄同体，受精卵先在体内发育成幼虫，然后离开母体随水流漂浮到四周，小海绵就是这样发育而来的。

海绵雌雄同体

为了躲避天敌，海绵还有一些特殊的本领，它会放出非常难闻的气味，还会把"骨针"露在外面，并且能产生毒素。

可是仍有一些动物喜欢它，和它共同生活在一起，比如寄居蟹。

科学家估计约有15000种海绵分布在世界各水域。

海绵有什么作用呢？它体内的毒素可以用来制药，治疗肿瘤、心血管和呼吸系统等疾病。

陆续发现的海绵化石证明它确实在我们的地球上出现过。2016年2月，在我国贵州地区，科学家们发现的"贵州始杯海绵"是最早的海绵化石。

海绵这种简单生物的出现具有历史意义，正是有了第一个，才有了动物界后面出现的无数的鲜活生命，它们丰富了这个世界，也丰富了人们的生活。

动物来了

3 统治世界的三叶虫

距今约5.5亿年前,地球早期的海岸线上形成了大片的浅水区域。这个时期气候适宜,是海洋生物大爆发的时期。许多动物的祖先在海洋中诞生,比如海绵、甲壳类、贝类、海胆、珊瑚等。

虽然海绵是出现较早的原始古代生物,可是它的名气却不大,我相信很多同学是看过动画片《海绵宝宝》才知道这种小动物的。

那么,那个时期谁的名气比较大呢?当然是三叶虫。

三叶虫是一种什么样的动物呢?

三叶虫是一种生活在寒武纪时期浅海中的节肢动物,分成头、胸和尾三部分,形状为圆形或卵圆形,长度从几毫米到几厘米不等。背部纵向分成三部分,形状像树叶,因此得到了这个与植物有关的名字。

对了,顺便说一下,动物产生于植物之后。

背部纵向分成三部分,形状像树叶

三叶虫是雌雄异体、卵生动物,其发育过程比较复杂,要经过多次蜕壳才能长大。每一次蜕壳虽然痛苦,但是能让它一次次变得强大,最后由幼虫发育为成虫。

三叶虫身体构造的特殊性对其生存起到了很好的作用。它有半圆形的尾部,上面长着很多长长的尾刺,有的背部还有类似"瘤"和"结节"的东西,像是在外面穿了一层厚厚的盔甲,令许多动物望而生畏。如果有凶猛的小动物靠近攻击,它们就会像刺猬一样团起身子,沉到海底,溜之大吉。

另外,同时期海水中的微生物和藻类植物非常丰富,为三叶虫的生长繁殖提供了足够的食物。

各类三叶虫有不同的生活方式。

喜欢运动的三叶虫去远处游泳,喜欢安静的三叶虫在水上漂浮着,喜欢爬行的三叶虫潜到海底,还有喜欢藏猫猫的三叶虫会钻到泥沙里。

这些三叶虫占据着大量生态空间,因此海洋成了三叶虫的世界。也可以说，在寒武纪，三叶虫是整个地球的统治者。

有文字记载：寒武纪的海洋生物主要是底栖的三叶虫，另有杯海绵和腕足类，海水中漂浮着水母和其他浮游生物。

三叶虫的数量大到惊人，当时动物中的一半以上都是各类三叶虫。不仅如此，这种动物在地球上的存活时间还特别长，长达一亿年，之后才渐渐灭绝。一亿年啊！难怪人们习惯把这一时期称为三叶虫时代。

三叶虫家族庞大，是非常知名的化石动物

三叶虫家族庞大，是非常知名的化石动物，其知名度大概仅次于恐龙。三叶虫化石也是所有化石中数量最多的。正是这些化石让我们认识了三叶虫时代。

三叶虫作为众多生物的代表，它和许多其他生物一起共同揭开了地球走进生物多样化的序幕，从此一个生机勃勃的生物世界才真正出现。

因此，我们说三叶虫时代是一个了不起的历史时期，是动物发展史上不能不提的一个时期。

4 水母与小牧鱼的攻守同盟

提到古老的生命,不能不说起水母。水母的名字,有人可能会觉得有点陌生,可是提到海蜇,你也许就会有点印象了,因为美味的海蜇丝你可能品尝过。

海蜇就是水母的一种,也有人说水母就是海蜇。

水母

水母是海洋中的老字辈,它的出现比恐龙还早,可以追溯到6.5亿年前。

水母是一种古老的无脊椎动物,是低等的腔肠动物。

水母长什么样子呢?在清澈碧蓝的海水中,你常常会看到一朵朵透明的彩色小伞在水中随着海水的流动有节奏地跳动,伞的直径从10厘米到100厘米不等,伞的边缘还长有一些须状的触手,这些触手有二三十米,像美丽的飘带,那就是水母。它们像海洋中翩翩起舞、顾盼生姿的舞蹈家。

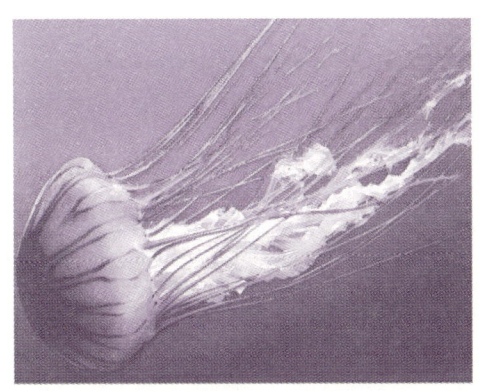

它们像海洋中翩翩起舞、顾盼生姿的舞蹈家

水母的构造简单,主要成分是水,全身90%以上都是水。

它的身体由内外两胚层组成,两层间有一个很厚的透明的中胶层,可以一边喷水一边行走。

水母并不擅长游泳,它们常常要借助风、浪和水流来移动身体;水母的视力不是太好,只能感受到光和影的变化。那么,它们是如何躲过暴风雨和敌害的呢?

原来水母的这些不足都被它的听力弥补了。

水母触手的中央有一个圆形的耳朵,里面有听石,可以感受到海浪和空气摩擦产生的次声波。它们可以在十几小时前就

感受到暴风雨的来临，提前躲到安全的地方。

遇到敌害时，它还会将体内的气放掉，沉入海底。海面平静后，它只需几分钟就可以让自己膨胀并漂浮起来。

水母只靠喝水存活吗？当然不是，其实它的食物有很多呢，比如一些浮游生物，小的甲壳类、多毛类，它还吃小的鱼类呢！

水母是怎么捕食的呢？

水母没有呼吸器官和循环系统，只有原始的消化器官，所以捕获到的食物会立即在腔肠内消化吸收。

大多数水母都有毒。一旦遇到猎物，水母会伸出触手把食物缠绕起来，先放出毒丝囊将其毒晕，然后吃掉它们。

水母这样"凶残"，却可以和一种体长7厘米的小牧鱼和平相处。遇到大鱼游来，小牧鱼就游到水母巨伞下的触手中间去"避难"。这样巧妙地利用水母的刺细胞躲过敌害的进攻。

有时，小牧鱼还能将大鱼引诱到水母的狩猎范围内，这样就可以吃到水母吃剩下的碎片。

小牧鱼行动灵活，能够巧妙地避开毒丝而不受伤害，水母和小牧鱼共生在一起，相互为用，水母"保护"了小牧鱼，而小牧鱼吞掉了水母身上栖息的小生物。

水母的种类很多，全世界有250种左右，在各地的海洋中都能看到它们的身影。

水母的寿命大多只有几个星期或数月或一年，有些深海水母可能活得稍长些。它们虽然生命短暂，却给海洋世界带来了独有的美丽。

5 奇虾——寒武纪的海洋巨无霸

在5.3亿年前的海洋中,已经有了很多的生物,多种海洋植物、动物和微生物在海洋中繁衍生息。

在弱肉强食的生存斗争中,海洋动物的生活并不安定。当时有一种叫奇虾的大家伙,威胁着它们的生存,就连身披坚硬甲壳的动物都要离奇虾远远的。

奇虾

奇虾是一种什么动物呢?

奇虾的名字中虽然有"虾"字,可是它并不是一种虾,它是史前的一种巨大的无脊椎动物,和我们现代的虾没有任何亲缘关系。

奇虾还有另外一个名字,叫恐虾,言外之意就是让人感到恐怖。

我们来想想奇虾的样子吧:它是一个大块头,身长两米多。它是已知生活在寒武纪的最庞大的动物。

奇虾在那些只有几厘米或几毫米大的动物面前,无异于庞然大物,难怪其他动物都望而生畏、闻风而逃了。

奇虾的头部有一对大螯

奇虾的头部有一对大螯,有两个巨大的前肢,并且是分节的,有巨大的扇形尾和一对长长的尾叉。奇虾身体两侧长有裂片的翼,全身都包裹在一节节的外壳当中,它还有布满倒钩的两根触角,外形类似现代的虾。

它的眼睛像两个乒乓球那么大。最恐怖的是嘴巴,直径有25厘米,像个大碗一样,里面分布着锋利的牙齿,像齿轮一样。

奇虾的嘴部由甲壳构成，巨大的口器是捕杀猎物最厉害的工具。在可以张开的环形口器中，还有大量尖锐的针状结构，用以抓住猎物，并且撕开当时猎物普遍都具有的坚硬甲壳。

奇虾的身体呈流线型，背腹扁平，身体分节但没有背甲，两侧有11对宽大的桨状叶片，尾扇区由3对片状尾叶组成，并从尾端的背部中央向后伸出一对细长的尾刺。

奇虾特殊的身体构造决定了它具有善于游泳、强于捕食的本领，连三叶虫都是它的食物。可以说在寒武纪的海洋中，它是一个所向无敌的大家伙，是灭食一切的大屠户。

这个海洋中的"巨无霸"处在食物链的顶端，能够轻而易举地猎获足够的食物，却没有其他生物可以威胁它的生存。可是不久，就像在陆地上曾经占统治地位的恐龙一样，奇虾也灭绝了。

奇虾灭绝的原因说法不一。有人说是气候原因，也有人说是新物种入侵，还有人说是自身变异。

不过，它们遗留下的大量化石证明，奇虾确实在我们的地球上生活过。

最初在加拿大发现奇虾化石，当时只发现了一只前爪。

可能是奇虾的块头太大了，保存下来的化石大多是碎片式的。直到1981年，惠廷顿博士等人发现了奇虾身体各部分的化石，才复原出我们现在看到的样子。体型最大的奇虾种类是在我国发现的，身长可达2米。

目前在中国、美国、加拿大、波兰、澳大利亚等地都发现了奇虾化石，证明奇虾在远古时代确实数量多、分布广，是名副其实的海洋霸主。

6 脊椎动物的起源——文昌鱼

"才饮长沙水,又食武昌鱼",说起美味的武昌鱼,大家一定知道,没吃过鱼肉也闻过其名。

我们这里介绍的海洋生物,是亿万年前的古老动物,不是武昌鱼,而是文昌鱼。这里提一下武昌鱼,是因为文昌鱼和武昌鱼的名字只差一字,这样联想在一起,比较容易记住。

你知道文昌鱼吗?我想,知道的人并不多。

文昌鱼是大约5亿年前就出现的一种动物,它介于无脊椎动物和脊椎动物之间,是现存最古老的脊索动物,也是著名的"活化石"动物。

"活化石"是指现存的一些古老的生物种类。那么,既然现在还生存着,又怎么能叫"化石"呢?所以它是非科学术语。

文昌鱼又称蛞蝓鱼,别称鳄鱼虫。它身长3~5厘米,全身粉红色,柔软半透明,身体细长而侧扁,两头尖尖的,活像一条小扁担。

文昌鱼生活在温暖的浅海,有沙石的地方。白天它常常把自己的下半身埋在沙里,只露出身体前端。

动物来了

文昌鱼生活在温暖的浅海，有沙石的地方

它是在晒太阳吗？并不是！

它张着嘴巴，依靠周围的小触手，从水流带来的浮游生物中摄取食物。它只在晚上才出来活动，由于没有胸鳍和腹鳍，游起来像泥鳅一样。遇到惊吓，它会马上跑回来。

文昌鱼的存活期一般只有三四年。

文昌鱼主要分布在我国的青岛和厦门等地。

由于栖息环境遭到破坏等原因，文昌鱼的资源量逐年下降，已成为稀少物种，被列为国家二级保护动物。文昌鱼看上去像一条漂亮的小鱼，它生活在水中，用鳃呼吸，体温会随水温变化，这些特征和鱼类很相似，但支撑它身体的不是脊椎，只是一条原始的没有分节的脊索。

文昌鱼没有鳞片、偶鳍和脊椎骨，血液是无色的，"心脏"只是一根能跳动的腹心管，连眼睛、耳朵、鼻子等感觉器官都没有，消化器官也没有分化。构造这么简单的文昌鱼却具有很高的研究价值。世界上很多著名大学里都有它的标本，在我

国，厦门还有专门研究文昌鱼的机构。

文昌鱼身体前部的结构与棘皮动物及半索动物相同，身体后部与脊椎动物一致，可见文昌鱼在无脊椎动物和脊椎动物中处于过渡地位，是脊椎动物祖先的模型。

文昌鱼的摄食、排泄等功能与无脊椎动物相似，但血管系统、呼吸系统、神经系统和胚胎发生过程都有了脊椎动物的特征。

人们在研究后来出现的脊椎动物时发现，像鱼类、鸟类、兽类以及人类自身，都不能跨越文昌鱼。

它虽然看上去像一条小鱼，但是还算不上真正的鱼，只是鱼类的一个远祖而已。

它虽然看上去像一条小鱼，但是还算不上真正的鱼

人们推测正是有了这样的一个远祖，才有了后面真正意义的鱼类。它们的脊索变成脊椎，脑部发育，中枢神经活跃起来，出现了偶鳍，身体变成了流线型，生存能力变强，变得更聪明智慧，最后成为高等动物。

后来鱼类占据了整个海洋，成了海洋的主人。

7 古老的两栖动物——娃娃鱼

娃娃鱼的学名是大鲵,它并不属于鱼类,而是一种体形较大的两栖动物。

由化石推断,娃娃鱼出现在泥盆纪后期,是一种低等的由鱼类演化而来的动物。由于它常发出类似婴儿啼哭般的叫声,所以又被人们称为娃娃鱼。

它的整个身体由头、躯干、四肢和尾组成

它的整个身体由头、躯干、四肢和尾组成。脑袋很大。扁平的躯干约占身体的1/3。四肢粗壮、短小,前肢还长有长短不

一的四个指头,类似婴儿的小胖手。

它的长相不太像鱼,反而和蜥蜴有点类似,体长1~2米,大多重20~25千克,最重的可达50千克。

游泳时它把四肢贴在腹部,只靠摆动尾巴和身体前进,这时它看起来更像一条大鱼。它的身体光滑,没有鳞片,上面还有黏黏的液体。

娃娃鱼有棕色的、红棕色的,还有黑棕色的,其颜色随着环境会有所变化。

娃娃鱼是个很懒的家伙,只在晚上出来捕食,而且不会走太远,只是守望在滩口乱石间,很少主动出击,是典型的"守株待兔"。所以有句俗语说得好,"娃娃鱼坐滩口,喜吃自来食"。

娃娃鱼是个很懒的家伙,只在晚上出来捕食

但是当它发现猎物时,就不那么淡定了。它常常会进行突然袭击,一张大嘴里面长着又尖又密的牙齿,猎物进入后很难逃掉。不过它的牙齿不能咀嚼，只是张口将食物囫囵吞下，然后在胃中慢慢消化。

娃娃鱼可以生活在水流湍急、水质清凉、水草茂盛的石缝里，或者岩洞多的山间溪流、河流和湖泊中，在水中用鳃呼吸。有时也生活在岸边树的根系间，它还能在倒伏的树干上活动，这时它就改用肺呼吸，它湿乎乎的皮肤还可以帮助呼吸呢！

娃娃鱼可以吃鱼、蛙、蟹、蛇、虾、蚯蚓及水生昆虫等，有时还吃小鸟和鼠类。

它耐饥饿的能力很强，两三年不进食也不会饿死，而饱餐一顿可以使体重一次性增加1/5，是典型的"暴饮暴食者"。它不爱活动，新陈代谢非常慢。

冬季，娃娃鱼深居于洞穴或深水中的大石块下冬眠，一般长达6个月。不过它入眠不深，受惊时仍能爬动。

由于娃娃鱼长期生活在黑暗中，它的小眼睛使用很少，因此视力退化得非常严重，只对光有一点点反应。

虽然它的眼神不好，但是脑子不笨，它善于通过"设计"为自己获取食物。在水里生活着一种隐藏在石缝里的螃蟹，娃娃鱼会将自己的尾巴尖伸到石缝之中，这时螃蟹便用螯钳住尾巴不松开，娃娃鱼顺势将其拉出，把它当成美味的食物。

娃娃鱼是国家二级保护两栖野生动物，主要产于长江、黄河及珠江中上游支流的山涧溪流中。

娃娃鱼的出现证明了动物从水生到陆生存在过渡期，对研究动物的进化非常有意义。

8 始祖鸟是谁的祖先？

早在1951年，在德国的巴伐利亚州发现了一块年代古老的鸟类化石，上面不仅呈现出完整的骨骼，还有羽毛的痕迹。经专家们研究认为这是一种存在于1.5亿年前的鸟，并将其命名为"始祖鸟"。

始祖鸟是一种带有翅膀和羽毛的爬行动物，其大小类似现在的野鸡，飞行能力也和野鸡相似。前面两只翅膀和现在的鸟类相似，后面两只翅膀实际上是长了羽毛的后肢。它的嘴里有牙齿，而不是角质喙，前肢的指端有爪子，翅膀上也长着爪子。

它有细小的牙齿，可以捕猎昆虫和其他小的无脊椎生物。另外，它有骨质的尾巴；脚分三趾，其中一趾类似盗龙的第二趾。这些特征与现在的鸟类不同，但与恐龙极为相似。

从始祖鸟保留下来的一系列与爬行动物相似的特征可以看出，它适应飞行的构造还很不完善，所以推测它大概只能在低空滑翔。那么，始祖鸟是如何从行走改为滑翔的呢？科学家对此有两种意见。

始祖鸟

一种意见认为,始祖鸟本来是一种善于奔跑的动物,奔跑中用前肢拍打空气可加快速度,慢慢地前肢上的鳞片变成了原始羽毛,最终发展成带羽毛的翅膀,扇动翅膀后离开地面到空中滑翔,这种理论称为鸟类飞行起源的"奔跑说"。

另一种意见认为,始祖鸟本来就是树栖的,利用带羽毛的翅膀滑翔是一种有利的活动方式,这使前肢上的鳞片进化成原始羽毛,从而获得更多生存和繁殖的机会,最后获得飞行能力,这种理论称为鸟类飞行起源的"树栖说"。

后来,根据第五块始祖鸟的标本来看,不但它的翅膀上有爪,后趾末端也有尖利而弯曲的爪,这种爪对攀缘树枝有利,支持了"树栖说"。

一开始始祖鸟被认为是鸟类的祖先,现在有些科学家认为它们并不是鸟类的祖先。那么,始祖鸟又是哪类动物的祖先呢?

现代研究认为,始祖鸟是一种生活在侏罗纪晚期的小型恐龙,隶属于恐爪龙下目,代表了一种恐爪龙类的原始类型,所以始祖鸟极有可能是后期恐爪龙类的祖先,是爬行动物到鸟类的中间类型。

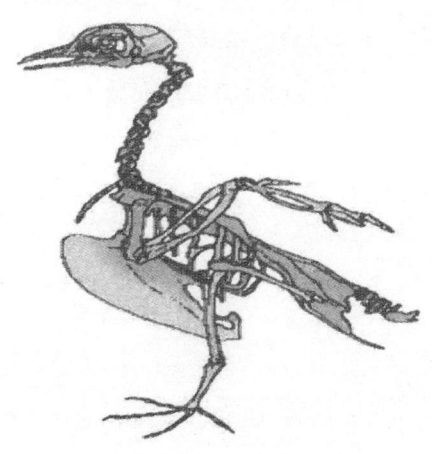

始祖鸟的骨骼结构

因为始祖鸟的骨骼结构与一种被称为虚骨龙的小型肉食性兽脚类恐龙十分相似,所以早就有人认为鸟类起源于虚骨龙类,并且推测鸟类的高代谢水平是从那些恐龙中继承来的,也就是说某些小型的肉食性恐龙可能已经是恒温动物了。更有人推测,羽毛的开始发展不一定与飞行有关,它在原始的兽脚类恐龙中可能已经普遍存在。

随着科学的进一步发展,化石的更多出现,对于始祖鸟的秘密,我们一定会了解得越来越多。

9 由雄性生育的动物——海马

在动物界，有许多动物是名不副实的，比如奇虾不是虾，鲸鱼不是鱼，壁虎不是虎。同样，海马也不是马。

海马是生活在近海的一种脊椎动物，它的头部像马，且与身体形成的角度几乎为直角，因此人们叫它海马。因为它又有点像传说中的龙，所以也叫龙落子。

它的头部像马，且与身体形成的角度几乎为直角

海马的身长大约10厘米,所以有人说海马是世界上最小的脊椎动物。它的全身没有鳞片,身体被板骨包裹着,像是穿着一层坚硬的甲胄,因此身体无法弯曲。它的躯干呈六棱形;嘴呈尖尖的管形,口不能张开;尾部呈四棱形,尾巴细长,末端弯曲,像猴子的尾巴一样。

鱼类在水里游动的时候都是头朝前,尾巴朝后的,而我们看到的海马经常是笔直地立在水中。

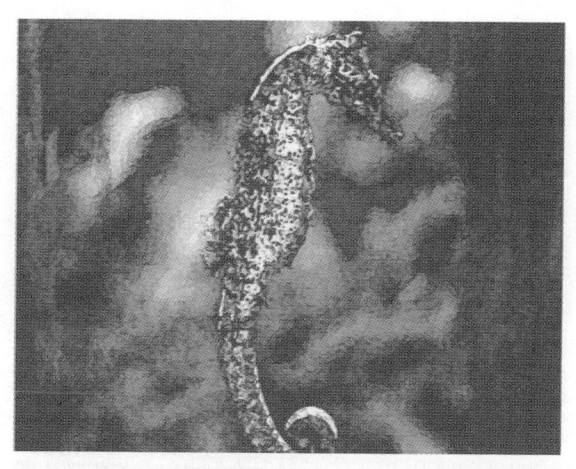

我们看到的海马经常是笔直地立在水中

海马一般喜欢生活在有珊瑚礁的缓流中,用它的尾部紧紧抓住珊瑚的分支、藻类植物固定身体,借助鳍的力量一点一点向前游动,样子非常可笑,它游泳的速度也可想而知。

你一定担心它游得那么慢,会不会成了其他动物的美餐呢?

不会的,因为海马本身有非常坚硬的外壳。另外,它喜欢生活在藻类植物之中,身体的颜色能随着环境而发生变化,和变色龙一样。

它的身体有突起和丝状物，就像一丛水生的藻类植物，可以迷惑、躲避敌人。

海马游动的速度慢，活动范围小。在捕食的时候，海马必须利用弓形的颈当弹簧，扭动头部朝前捕捉猎物，这种方式限制了它捕捉食物的有效距离，因为这个距离相当于颈的长度，也就0.1厘米。但海马能利用头部的特殊形状悄悄地靠近猎物，从而摄食小型的甲壳类动物等。由于获取的食物很有限，海马有很强的抗饥饿能力，几个月不进食也不会饿死。

在海马家族，生育后代的分工与其他动物不同。

海马是地球上唯一由雄性生育后代的动物。虽然雄海马没有雌海马长得强壮，可是它承担了生育后代的任务。雄海马成熟后，它的身上会长出一个育卵袋，像袋鼠的育儿袋一样。雌海马把卵排到雄海马的育卵袋里，雄海马便担当起妈妈的角色，承担抚育后代的责任。卵受精后，育卵袋就闭合了，这个袋子里有丰富的血管，可以提供丰富的营养物质。

小海马经过20天左右就会发育成熟，这时雄海马已经疲惫不堪。它在水中前俯后仰，靠肌肉收缩的力量把小海马分批地送出体外。小海马在五个月后就会完全长大了。

海马是一种经济价值较高的名贵中药，有健身、消痛、强心、散结、消肿、舒筋活络、止咳平喘的作用。特别是对于治疗神经系统疾病更为有效，在很多中成药里都会用到它。可见海马虽小，作用却很大呢！

 **10 美丽的珊瑚是动物**

如果我们把水母比作美丽的舞蹈家，那么珊瑚就是水中安静的美少女。

很久以来，人们对于珊瑚有种误解，认为在水中安安静静生长的珊瑚是一种美丽的海洋植物，你看它色彩斑斓，似乎有根有枝，在水中一簇簇旺盛地生长，像花一样。其实不然，这些美丽的珊瑚只是珊瑚虫的外骨骼。

在水中一簇簇旺盛地生长，像花一样

珊瑚虫是腔肠动物门珊瑚纲中多类生物的统称。它对生长条件有一定的要求,所以我们在有些地方是见不到珊瑚的。

它们生长在温度高于20 ℃的赤道及其附近的热带、亚热带地区,喜欢在水流快、温度高的暖海地区生活。

珊瑚虫的身体呈圆筒状,有八个或八个以上的触手,触手中央有口。

当流水把一些浮游生物带到珊瑚虫的旁边时,它口四周的触手就会把浮游生物粘住。这些触手上的刺细胞有毒,分泌的毒液会麻痹被粘住的浮游生物,这些浮游生物最后在消化腔里被消化掉。

珊瑚虫一般都是群体生活,每个珊瑚虫之间以一种叫共肉的结构彼此相连,共肉部分能分泌石灰质物质。

它们通过分泌的物质彼此连接在一起,消化腔也连接在一起,所以这些群体珊瑚虫虽然有许多口,却共用一个"胃"。

我们见到的珊瑚就是珊瑚虫的尸体腐烂后剩下的群体"骨骼"。珊瑚虫的子孙一代一代地在它们祖先的"骨骼"上面繁殖,形成了各种各样的珊瑚。

珊瑚的群体

我们见到的珊瑚就是珊瑚虫的尸体腐烂后剩下的群体"骨骼"

"骨骼"式样繁多，颜色各异。

红珊瑚像枝条劲发的小树；石芝珊瑚像拔地而起的蘑菇；石脑珊瑚如同人的大脑；鹿角珊瑚似枝丫茂盛的鹿角；筒状珊瑚像嵌在岩石上的喇叭。珊瑚的颜色有浅绿色、橙黄色、粉红色、蓝色、紫色、褐色、白色等。

这些千姿百态、五彩缤纷的珊瑚在海底构成了巧夺天工的水下花园。

珊瑚虫体内有藻类植物和它共同生活。这些藻类植物靠珊瑚虫排出的废物生活，同时给珊瑚虫提供氧气。藻类植物的生存需要阳光和较为温暖的环境，所以珊瑚堆积得越高，越有利于藻类植物的生长。

在热带地区，珊瑚虫繁殖迅速，老的不断死去，新的不断成长，珊瑚虫分泌的石灰质物质也随之扩大，所谓积沙成塔，由小到大，就成为硕大的珊瑚礁和珊瑚岛了。

我国南海的东沙群岛和西沙群岛、印度洋的马尔代夫岛、南太平洋的斐济岛以及闻名世界的大堡礁，都是由小小的珊瑚虫建造的。

珊瑚岛能供人居住。珊瑚虫形成的石灰质物质质地坚硬，可以开采，可当作砖石或用来烧制石灰。珊瑚也可制成工艺品，有观赏价值。

由大量珊瑚形成的珊瑚礁和珊瑚岛，能够给鱼类创造良好的生存环境，加固海边堤岸，扩大陆地面积。因此，人们应当保护珊瑚虫，保护珊瑚！

11 会用麻醉手段的萤火虫

夏季的夜晚，在池塘的上方或湿润的草丛中，常常会有一点一点绿色的光亮闪现。你不必害怕，它不是什么鬼火，而是萤火虫在飞过。

萤火虫还有很多好听的名字，比如夜光、景天、熠燿、夜照、流萤、宵烛、耀夜等。

萤火虫是一种小型甲虫

萤火虫是一种小型甲虫，属鞘翅目萤科，因其尾部发光而得名。

萤火虫的外形像是蜜蜂和蟑螂的结合体。它的体型很小,身体和翅膀都很柔软。头很小,眼睛半圆球形,雄性的眼睛大于雌性。腹部分节,末端下方有发光器,常常发出黄绿色的光。

它们喜欢成群结队地飞行,看起来非常壮观。

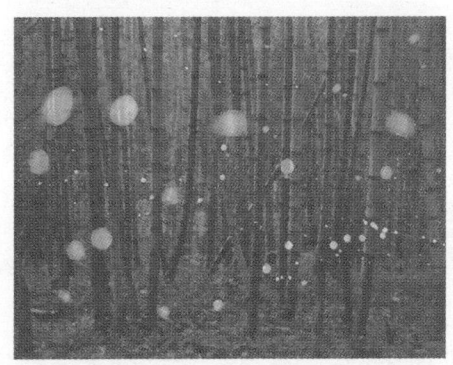

它们喜欢成群结队地飞行,看起来非常壮观

萤火虫为什么会发光?一定是许多人想了解的。

原来萤火虫体内有发光细胞,里面有荧光素和荧光素酶,荧光素酶可以帮助荧光素与氧气发生反应,释放光子,在反应过程中制造出高效的光源。实际上萤火虫不止在晚上发光,也在白天发光,只是白天光线太强了,光就显得很微弱。

萤火虫发光有什么作用呢?

成年的萤火虫利用物种特有的闪光信号来吸引异性,借此完成求偶和繁殖的使命。有些种类的萤火虫只有雄性才有发光器,有些种类是雌雄双方都有;有的种类的萤火虫是一闪一闪发光的,有的种类的萤火虫是持续发光的。当光亮闪起时,就是萤火虫在向对方示好,异性在得到信号的两秒钟后作出应答。

另外萤火虫受到刺激时也会发光，借此达到吓唬敌人的目的。

萤火虫是喜欢食肉的小甲虫。在水边生活的萤火虫喜欢吃螺类和贝类，还有水中的其他小动物；陆地上的萤火虫喜欢吃蜗牛。

萤火虫捕食蜗牛的方法很特殊。行走中的蜗牛会分泌一些黏液，萤火虫幼虫的嗅觉非常灵敏，它会很快发现并爬到蜗牛的背上，将其紧紧抓住，在这个过程中连它的尾巴也会帮助用力。它用上颚攻击蜗牛的触角，并把麻醉液注入蜗牛体内，一般五到六次，边注射边敲击，直到蜗牛失去知觉。

萤火虫会将消化液分泌到蜗牛身体上，待肉分解成肉糜再食入。它会叫同伴们一起分享，一般情况下，一只蜗牛够它们吃两三天。

全世界一共有2000多种萤火虫，分布在热带、亚热带和温带地区，它们白天伏在草丛里，晚上出来活动。

对久居城市的人们来说，如果夜晚在郊外看到飞行的萤火虫确实是一件赏心悦目的美事。许多农村的小朋友可能还有用网兜捕捉萤火虫的愉快经历吧！

人们还从萤火虫的身上得到了启发，成功地从萤火虫体内提取到了发光物质，并用化学方法进行合成，制成不需要电源的生物光源，在矿井、深水排雷等领域发挥了独特的作用。人们还利用这一原理制造出不辐射热的发光墙或发光体，将这项成果应用于手术室或实验室效果非常好。

夏天到来的时候，让我们一起去郊外看一看美丽的萤火虫吧！

⑫ 鸣虫之首——蟋蟀

蟋蟀，又叫促织，也叫蛐蛐儿。它是一种古老的昆虫，至少已经有1.4亿年的历史。在生物分类中，蟋蟀属昆虫纲直翅目蟋蟀科。

蟋蟀的身体呈黄褐色或黑褐色，头圆圆的，有细长、易断的丝状触角，咀嚼式口器，嘴巴有力；前腿和中间的腿差不多等长，后腿比较粗壮有力，因此蟋蟀非常善于跳跃；它的尾须也比较长。

蟋蟀

蟋蟀的雌虫和雄虫体型大小不同，雌性个头较大，雄性反而小一些。雄性的腹部只有两根长尾丝，雌性的腹部还有一根长一些的产卵管。它们的翅膀也略有差别，雄虫翅膀上的花纹是凹凸的，雌虫翅膀上的花纹是平直的。

雄虫的前翅上有发音器，它的右翅上有一根像锉一样的短刺，而在左翅上，是一根硬棘。左右两翅一张一合，相互摩擦，振动翅膀就会发出悦耳的声响。

如果几十只蟋蟀一起叫起来，那场面可是一场盛大的音乐会。

蟋蟀为什么要叫？它的叫声有什么具体意义？

生物学家们发现蟋蟀的叫声是不同的，不同的音调、频率能表达不同的意思。

夜晚，蟋蟀响亮的长节奏的鸣声既是警告其他同性："这是我的领地，不许过来"，又在招呼异性："我在这里等你，快来吧。"

如果有同性闯入，它便急促地鸣叫，严正警告："马上出去！"如果这"最后通牒"失效，两只蟋蟀之间一定会发生一场激烈的争斗。

蟋蟀本来就喜欢独居，当两只雄虫在这种情况下相遇时，它们先是竖起翅膀鸣叫一番，以壮自己的声威，然后就头对头，各自张开钳子似的大口对咬，也会用足踢，经过3~5个回合，就会决出胜负。最后，失败的一方只能无声地逃走，全没了先前的锐气，胜者则高高竖起双翅，傲然地大声长鸣，显得十分得意。

蟋蟀除了能鸣善斗之外，还有一项技能不能不提。那就是蟋蟀还是一位优秀的建筑师。

它从来不是随遇而安，而是慎重地为自己的新家选址，然后开始盛大的挖掘工程，它用自己的前足和后腿吃力地完成挖土、搬土、推土、修整等一系列工作，把自己的居所建造得非常宽敞、平整和干净。

蟋蟀在全世界已知约有2500种，我国约有150种。蟋蟀的分布地域极广，全国各地几乎都有，黄河以南各省更多。它喜欢栖息在土壤稍为湿润的山坡、田野、乱石堆和草丛之中。这样看，它并不是什么特殊的昆虫。

它喜欢栖息在土壤稍为湿润的山坡、田野、乱石堆和草丛之中

可是由于它能鸣善斗，人们在古代就开始饲养它。据记载，我国家庭饲养蟋蟀始于唐代，当时无论朝中官员，还是平民百姓，人们在闲暇之余都喜欢带上自己的"宝贝"，聚到一起一争高下。

蟋蟀、油葫芦、蝈蝈号称中国三大鸣虫。三大鸣虫中，玩得最好、最精彩、最有文化韵味的当属蟋蟀。

动物来了

13 一粒花生米大的袋鼠

袋鼠是澳大利亚的国宝,也是澳大利亚的象征。在澳大利亚的国徽和硬币上都印有袋鼠的图案。

袋鼠属于有袋类动物,是一种比较原始的哺乳动物

袋鼠属于有袋类动物,是一种比较原始的哺乳动物。在生物进化史上曾经形成有袋类和胎盘类动物,后来胎盘类动物得到了很大发展,包括人类。虽然有袋类动物的繁殖力曾经非常强,但在亚欧大陆没有得到很好的发展。在与外界隔绝的澳洲

大陆，其情况刚好相反，袋鼠在那里繁衍生息，数量巨大。

袋鼠的体色一般以灰色居多，也有红褐色的。它们长得有些奇怪，所有雌性袋鼠都长有前开的育儿袋，雄性没有。这种动物的四肢长得并不相同，也不等长。它们的前肢非常短小，后肢长着长脚，强壮有力，尾巴又粗又长，长满肌肉，好像第五条腿一样。

成年袋鼠的身高约有2.6米，体重可达50千克。别看袋鼠长得高大，活动起来却非常灵活，最高可跳至4米，最远可跳至13米，可以说它是跳得最高最远的哺乳动物。

袋鼠用下肢跳动，奔跑速度也非常快，时速可达50千米。

袋鼠不会行走，只会跳跃。被敌害追赶的时候，袋鼠有一套独特的反击办法。它们会背靠大树，尾巴着地，用有力的后腿狠狠地蹬踢跑过来的动物，这时尾巴的独特功能也发挥出来了。

袋鼠喜欢群居在一起，有时多达上百只，但有些袋鼠会单独生活。

袋鼠喜欢群居在一起

袋鼠是一种食草动物，主要以灌木嫩枝叶、青草和柔软植物为食，它们大多在夜间活动，有些在清晨或傍晚活动。

袋鼠是有袋类动物的典型代表。有袋类动物是发育不完全的动物，属早产胎儿，所以需要在育儿袋里继续发育成长。

袋鼠出生时非常小，大约只有1粒花生米那么大，毛很少，也没有视力和听力，但是它一降生就会本能地沿着袋鼠妈妈的尾巴准确地爬进妈妈的育儿袋。

这个育儿袋是有袋类动物的特征，是一个皮褶围成的口袋，口袋里有奶头。小袋鼠可以在这里吮吸到妈妈的乳汁，得到妈妈的爱抚和保护。

小袋鼠长到四五个月的时候，全身的毛长齐，背部黑灰色，腹部浅灰色。这时候，小袋鼠会悄悄探出头来看看外面的世界，可一受惊吓，它会很快钻回到育儿袋里去。有时它的妈妈害怕有危险，也会把它的头按下去。小袋鼠就这样在妈妈的育儿袋里生长着。这时候的育儿袋也变得像橡皮袋似的，很有弹性，能拉开能合拢，小袋鼠出出进进很方便。

一年后袋鼠才能正式断奶，离开育儿袋，但仍活动在袋鼠妈妈的附近，随时获取帮助和保护。三四年后，袋鼠长大成熟。

袋鼠妈妈很辛苦，由于长着两个子宫，有时右边子宫里的小袋鼠刚刚出生，左边子宫里又怀了新的宝宝。老大刚离开育儿袋，老二又进去了，可能还有老三在孕育着。

即使断奶后离开的小袋鼠，有时也要钻到育儿袋里与妈妈亲近一番，所以有时候我们会看到能干的妈妈常常是带着两个孩子在奔跑跳跃。

14 屈指可数的鳄类——扬子鳄

扬子鳄是一种古老且珍贵的爬行动物,是与恐龙同一时期的动物,因为老家在我国的长江流域,长江又叫扬子江,所以它被称为扬子鳄。

扬子鳄长得像超大的蜥蜴,外形又有些像龙,所以又被称为"土龙"或"猪婆龙"。

它的嘴巴特别长,里面有几排锋利的牙齿,便于咀嚼一些有硬壳的软体食物。它的皮肤上布满了鳞片,四肢粗壮,尾巴特别长,超过头和身体的总和。

扬子鳄原本不是水生动物,只不过因为环境变化,它进入水中生活,形成了一些适应水中环境的特点,水陆两栖,扩大了生活范围,使它成为同一时期爬行动物中的优胜者。

和它同一时期的称霸地球的恐龙灭绝了,扬子鳄却顽强地生存下来。

扬子鳄的生命周期为60年。

大部分扬子鳄都是2到5只聚居在一起。小的扬子鳄一般是黑色的,有鲜黄色的横带均匀分布在身体上。

大部分扬子鳄都是2到5只聚居在一起

扬子鳄非常擅长挖洞打穴。它的洞往往有几个出口,有的在沼泽底,有的在岸边,和外界都有通气孔,这样既可以冬眠,又可以防备敌害。我们常说狡兔三窟,扬子鳄也是如此呢!

扬子鳄喜静不喜动,总是白天睡懒觉,夜间才出来觅食,捕杀小动物。它吃水生动物,同时也吃野鸟、野兔,常常采取偷袭的方式获取食物。扬子鳄在陆地上稍显笨拙,一到水里,就如鱼得水,非常灵活。

当它看到一群野鸭游过来的时候,扬子鳄就会不动声色地钻入水里,向鸭群偷偷潜游过去。瞄准一只野鸭猛地咬住它,并把它拖进水中。如果碰到警惕性比较高的野兔,扬子鳄会非常有耐心地等着野兔打消疑虑后再动手。它会先用自己的尾巴把野兔打倒,然后将其拖进水里,等野兔在水中憋死后,才游到岸上吃掉它。

对于机灵的小鸟,它也有办法吃到。它会伏在水中,只把头露出水面,并且一动不动,小鸟会误以为水中有块石头,安

心地落在上面。这时扬子鳄慢慢地缩回脑袋,最后只剩下嘴巴尖儿,突然大嘴一张,猛吸一口气,小鸟马上就会落到它的嘴里,成为它的美餐。

有人说,扬子鳄吃了食物后会流眼泪,开始大家以为是它动了慈悲之心,为自己的行为后悔呢!后来人们发现并不是这样,扬子鳄流眼泪是为了排除体内多余的盐分!鳄鱼的眼泪中可没有同情心啊!

在扬子鳄身上可以找到恐龙类爬行动物的许多特征,所以人们称扬子鳄为"活化石"。扬子鳄对人们研究古代爬行动物的兴衰、古地质学和生物进化都有重要意义。

人们称扬子鳄为"活化石"

当今世界上有21种鳄类,扬子鳄是最濒危的一种,已被列为国家一级保护动物。最少的时候扬子鳄的数量还不足150只。

为了保护扬子鳄,1979年我国在安徽宣城建立了扬子鳄繁殖研究中心,1980年建立了扬子鳄自然保护区。近些年已经人工繁殖扬子鳄7000条,但是由于生态环境不断受到破坏,野生扬子鳄的数量在短期内恢复还是很困难的。

15 "四不像"的麋鹿

我国是世界上鹿产量最多的国家,种类有十六七种,其中最珍贵的是麋鹿。

从外形看麋鹿的角长得像鹿,脖子长得像骆驼,蹄子长得像牛,尾巴长得像驴,因此它又叫"四不像"。

麋鹿

说起这"四不像",大家可能不太陌生,因为在我国古典名著《封神演义》中,周王的首席军师姜子牙的胯下坐骑就是一头"四不像",并且在武王伐纣的描述中,这"四不像"还有许多不俗的表现。

麋鹿确实是一种古老的珍奇动物,据科学家考证早在3000多年前,我国黄河长江下游地区就有麋鹿,这是一种草食性的哺乳动物。它的身高有2米左右,身长2米以上,有的体重可达200千克,头部很大,吻部狭长,鼻端裸露部分宽大,有一双小眼睛。雌鹿的体形比雄鹿略小,头上没有角。雄麋鹿有形状美丽的双角,长角可达80厘米,两年多换一次,鹿角表面有凹凸,内部有黑色纹理。麋鹿的尾巴长达75厘米,是鹿中尾巴最长的,并长有绒毛,因此麋鹿又被称为大尾鹿。麋鹿四肢粗壮,蹄子肉乎乎的,有很发达的悬蹄,行走时会发出响亮的磕碰声,奔跑起来轻快、敏捷。

雄麋鹿有形状美丽的双角

麋鹿喜欢生活在水草丰茂的沼泽地区和河流旁边,以青草和水草为食。它的毛色在夏季是红棕色的,冬季脱毛后为棕黄色，初生幼体的毛色是橘红色且有白斑。麋鹿平时性情温顺，有时雄鹿们为了得到雌鹿也会大打出手，争夺得头破血流。

麋鹿的自然繁殖能力很低，雌鹿的怀孕期比其他鹿长，超过九个半月，每胎仅产一只小鹿。麋鹿的寿命一般只有20年，因此格外珍贵。

麋鹿的生存经历曲折。根据已出土的野生麋鹿化石表明，距今200多万年前就有了麋鹿的踪迹，距今约1万年前到距今约3000年是麋鹿的昌盛时期，汉朝以后逐渐减少，之后竟然销声匿迹。直到1865年，法国传教士阿尔基德大卫神父在北京南郊的南海子猎苑发现了120头麋鹿。这一消息传到国外，欧洲各国的生物学家纷纷前来，把数十只麋鹿带回自己国内，此后的几十年间，不断有"四不像"的活体被运出我国，流向西方。

1894年，永定河水泛滥，从猎苑逃散的"四不像"成了饥民们的果腹之物。1900年，八国联军侵入北京，猎苑里的"四不像"几乎被杀光，有一部分被运往欧洲各地，从此麋鹿在我国绝迹。流落在国外的麋鹿相继死去，只有英国贝福特公爵在私人别墅动物园里饲养的18头生长良好，后来繁殖到400多头并向各国输出。英国国家动物园先后两次赠送给我国4对麋鹿，这样背井离乡的麋鹿终于回到了故乡并开始繁殖后代。

近年来我国建立了专门的麋鹿保护区，就是位于江苏省中部黄海之滨的江苏大丰麋鹿国家级自然保护区，这为麋鹿的发展提供了很好的自然环境。我们相信麋鹿会在自己的家乡生活得非常好，数量也会越来越多。

16 不可思议的鸭嘴兽

当年英国移民进入澳大利亚时，发现了一种"不可思议的动物"。

虽然当时的英国人见多识广，可是却从来没有见过这么怪异的动物。它的外形像鸭子，嘴扁扁的，特别像鸭嘴，而身体长得像海狸。它是禽类还是兽类呢？后来才知道这种动物叫鸭嘴兽。

它的外形像鸭子，嘴扁扁的，特别像鸭嘴

鸭嘴兽是现存最原始的哺乳动物。它们的祖先早在侏罗纪就广泛地分布着，到了七千万年前，许多进化更高级的哺乳类大量繁殖，取代了这些古老的动物。由于地壳运动，澳大利亚同其他大陆分开，后面出现的哺乳动物不能到达这块地方，鸭嘴兽的祖先得以在此繁衍生息，至今仍生活在澳大利亚。

　　鸭嘴兽的长相特别，一副呆萌的样子。成年鸭嘴兽的长度有40～50厘米，体重1千克左右，雄性大于雌性。它的大小和兔子差不多，体形肥扁，鸭嘴海狸身。它的嘴巴宽扁，像面具一样装在脑袋上，并且质地柔软，似皮革一般，上面布满神经，能像雷达扫描器一般，接受其他动物发出的电波。它的四肢短小，眼睛更小。

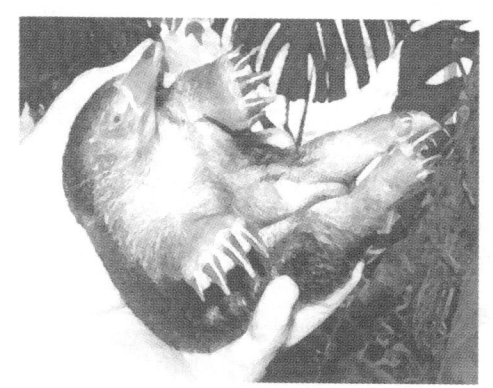

它的大小和兔子差不多，体形肥扁

　　鸭嘴兽是夜行性生物，它们习惯于白天睡觉，夜晚活动。鸭嘴兽冬季不活动或冬眠。

　　鸭嘴兽生长在河流、溪水的岸边，它的大多时间都在水里，因为皮毛有油脂，它在较冷的水中也可以保持自身温度。在水中游泳时它很悠闲地闭着眼，依靠触觉敏感的鸭嘴寻找在河床底的食物，捕食一些生活在河中的小的水生动物。鸭嘴兽是个大胃王，它的食量很大，每天能吃进与自身体重相等的食物。

　　但是可怜的鸭嘴兽没有哺乳动物那样尖利的牙齿，一张扁扁的鸭嘴怎么能咀嚼食物呢？鸭嘴兽却有自己的办法，每次它在水中获取到食物时，会先把食物藏在腮帮里，然后浮上水面，用嘴巴里的颌骨上下夹击后才大快朵颐。

　　鸭嘴兽的膝盖背面长有一根空心的毒刺。一般在面对敌人的时候，鸭嘴兽就会猛戳对方，并且释放毒素，最后逃走。

　　鸭嘴兽是个游泳能手，扁平的身体使它在水中前进时减小了阻力。它用前肢蹼足划水，像桨一样；靠后肢和尾巴掌握方向，像舵一样。

　　鸭嘴兽的生理结构也很怪异，虽然它是哺乳动物，但是与其他哺乳动物又不同，它没有乳房和乳头。喂奶时，雌性鸭嘴兽要仰面朝天躺着，它的肚皮两侧有乳腺，肚皮上有小孔，乳汁顺着小孔流出来。幼体就趴在妈妈肚子上，用嘴巴舔吃乳汁。如果不够吃，这些幼体就会用扁嘴巴压紧妈妈的乳腺，让它多流出些乳汁来。

　　另外，这些幼体不是胎生而是卵生。鸭嘴兽妈妈先下蛋，然后像鸟妈妈一样把它们孵化出来。

　　鸭嘴兽在澳大利亚被看作是吉祥物，很受人们喜欢，但是它的身上有太多不可思议的地方。这种哺乳、卵生动物被认为是爬行动物向哺乳动物的过渡类型，研究鸭嘴兽对研究哺乳动物的起源有着重要的作用。

动物来了

17 精致的蜂鸟

我们对鸟类一定不陌生，它们有的生活在森林中，有的生活在草原上，还有的就在我们自家的屋檐下，可是你如果见过南美洲的蜂鸟，一定会颠覆你原来对鸟类的认知。因为蜂鸟实在太小巧玲珑了，比蜜蜂大不了多少，只有两三厘米长，还不及一只大鸟的头大。蜂鸟是世界上已知最小的鸟类。

蜂鸟

蜂鸟属于雨燕目的蜂鸟科，体型非常小，也是鸟类中体重最轻的。蜂鸟因拍打翅膀发出嗡嗡声而得名。

蜂鸟十分漂亮，娇小的身躯上长满美丽的羽毛，有黑色、白色、黄色、绿色等十几种颜色之多，在太阳光的照耀下，五光十色、绚丽多彩，尤其是扇动翅膀上下飞翔的时候，像一个滚动的花球，又像一只美丽的蝴蝶。有人曾这样描述：绿宝石、红宝石、黄宝石都在它的羽毛上闪烁。

蜂鸟分布在新大陆最炎热的地区，主要在南美洲，它们常常活跃在南北回归线之间。有些蜂鸟在夏天偶尔在温带稍做停留。

它在花朵之间穿梭，以花蜜为食

蜂鸟是一种生活非常精致的小鸟。它一直都在空中飞行，从不落地，也从来不让地上的尘土玷污它的衣裳，只不过偶尔擦过草地；它在花朵之间穿梭，以花蜜为食，总是从一朵花飞到另一朵花，不会在花上逗留，而是飞舞而过，它用极长的嘴吸食花蜜后便优雅而去。有些蜂鸟也吃昆虫，但不论吃什么，它们吃的东西都很精美。

普通的鸟飞行时靠的是双翅在空气中划动,但是蜂鸟飞行时,靠的却是双翅的振动,它们翅膀的振动频率非常快,每秒钟在50次以上,它能飞到四五千米的高空中,速度可以达到每小时50千米,因此人们很难看到它们。

蜂鸟不仅飞得快,而且它的飞行技术实在高超,既能向前飞,又能倒退着飞,还能侧着向左或向右飞,还能像直升机一样悬在半空飞,这些本领都是蜂鸟特有的,别的鸟"望尘莫及"。

蜂鸟的巢也十分精致,一般只有酒杯大小,有的比手套的大拇指大不了多少。巢的里面由植物绒毛和纤维合织而成,非常柔软舒适。巢的外壁以地衣和树叶固定。这些巢大多数被架在树枝上,有些悬在尖端较长的叶尖上,这样可以避免被猴子抓到。还有些像吊床一样用蛛网悬挂在岩石上。蜂鸟总是把自己的巢掩藏得很好。

蜂鸟每次只生一个蛋,最多不会超过两个。蜂鸟很小,它的蛋就更小了,只有豌豆那么大,颜色为白色。刚刚出世的小蜂鸟,大小还不及一只蚂蚱,所以只能依靠妈妈照料。蜂鸟每天用花蜜喂养幼雏,它长长的嘴巴能够毫不费力地插入花筒,长舌头能够从花心中吸出蜜汁,用来喂养小蜂鸟。

蜂鸟的家乡在美洲的热带森林地区,那里的人们把它当作神鸟来崇拜,说蜂鸟是太阳神的化身,谁若得罪了蜂鸟就会受到天神的惩罚,由此可见人们对蜂鸟的喜爱程度。

18 "森林医生"啄木鸟

当我们走进茂密的森林里,经常会听到"笃笃笃"敲击树干的声音,顺着声音走过去,就会发现原来是勤劳的啄木鸟在给树木做诊断呢!它态度认真,非常专注,真的像一名合格的医生。

啄木鸟是一种益鸟,它常啄开树上的小洞,吃掉洞中的小虫,并将自己的巢安于洞中

啄木鸟是一种益鸟,它常啄开树上的小洞,吃掉洞中的小虫,并将自己的巢安于洞中。它能除掉树木身上大量的害虫,

从而保护了森林,所以人们叫它"森林医生"。

啄木鸟在全世界分布得非常广泛,除了南极洲和澳大利亚之外,各地都有啄木鸟的影子。全世界大约有221个品种,不同种类的啄木鸟体形大小差别很大。啄木鸟的头很大,脖子较长。它的嘴又直又长,像凿子一样,脚稍短,尾巴平直或成楔状,羽干坚硬。

它的嘴又直又长,像凿子一样

你知道啄木鸟是靠什么来给树木"治病"的吗?你一定会说是靠嘴巴呀!可是只靠嘴巴是不够的。啄木鸟捉虫是全身器官通力合作的结果,除了嘴巴,舌头、尾巴和爪子的作用都不能忽视。

啄木鸟的嘴巴不同凡响,很像木匠师傅使用的凿子,它不仅能够凿开树皮,而且可以凿开坚硬的树心,把隐藏在树里的害虫一口吃掉。啄木鸟的舌头更加奇特,它生得细长且十分柔

软，其舌根是一条有弹性的组织，从下腭穿出，向上绕过后脑壳，在脑顶前部进入右鼻孔。舌头尖上还有倒钩和黏液，不论害虫钻得有多深，只要用嘴巴啄通，舌头就会准确地把害虫逮住。只靠嘴巴和舌头捕捉害虫还是不够，它必须有一双能够垂直地立在树上的脚。啄木鸟脚的两趾向前，两趾向后，能够抓牢树干。另外，它还有尾巴帮忙，坚硬的尾羽能够支撑身体，这样一来它就可以灵巧地沿着树干移动身子，给树木"治疗"了。

啄木鸟起得很早，从一棵树飞到另外一棵树，忙着捉虫。它敲击树木的频率非常快，那么它的大脑受得了吗？会头疼吗？会不会脑震荡？不会的，原来啄木鸟的头部有防震结构。它的头骨结构疏松且充满空气，其内部还有一层坚韧的外脑膜，在外脑膜和脑髓之间有一条狭窄的空隙，里面含有液体，都起到消震的作用。

多数啄木鸟都在寻找天牛、吉丁虫、透翅蛾、蠹虫等害虫。

啄木鸟凿洞的本领实在是太高了，因此它每年都有新家住，原来的树洞就留给松鼠和其他小鸟了。它还有储存食物过冬的习惯，它从来不会把一颗以上的橡树果放进同一个洞中，也不会将所有果实藏进同一棵树里，而是分散放开，这样即使突然发生了变故，也不会影响到它们越冬。

啄木鸟聪明能干，又是森林里的好医生，所以我们每个人都应该爱护它。

19 鸠占鹊巢的杜鹃鸟

杜鹃鸟又称布谷、秭归、杜宇等。李商隐曾有"沧海月明珠有泪,望帝春心托杜鹃"的诗句,诗中描述的杜鹃是哀婉至诚的。

杜鹃

当阳春三月来临时,人们常常可以听到"布谷布谷"的叫声,这时杜鹃就有了"劝农事"和勤劳的品质。可是当你了解到成语"鸠占鹊巢"的含义时,杜鹃鸟又成了自私自利、不劳而获的代名词。因此,杜鹃鸟一直是一种饱受争议的鸟。

杜鹃鸟分布于全球的温带和热带地区,在东半球热带种类更多。杜鹃鸟生性胆小,喜欢居住在植被密集的地方,所以人们常常是听其声难见其影。

杜鹃鸟大小不等,一般身长约16厘米,多数的外观为漂亮的鲜绿色。大的杜鹃鸟身长可达90厘米,一般是土灰色或褐色的。有些热带杜鹃鸟是蓝色的,它们一般都是短翅长尾巴。喙粗壮结实,微微向下弯曲。

在大自然中,杜鹃鸟是鸟类家族的普通成员,但是它的孵卵寄生性却是非常特殊的。

普通鸟类都是自己生蛋,自己孵化和喂养后代,这其间要筑巢、喂食幼雏,一般都是异常辛苦,可能还会遭遇种种危险。可是杜鹃鸟的繁殖习性却与众不同,它是典型的巢寄生鸟类,它不筑巢不孵卵,也不抚育雏鸟。这些工作全由小杜鹃的养父母代劳。

杜鹃鸟是怎样做到这一点的呢?

一般情况下,杜鹃鸟会根据鸟巢的大小选择是直接产卵还是先产卵再衔进去,它看到鸟巢较大时,就会选择直接进去产卵。它会先利用自己和猛禽雀鹰样子相像的特点,故意低飞,并且用力响亮地拍打翅膀吓跑正在孵卵的小鸟,然后它就趁机钻到鸟巢里产下自己的卵,临走时不忘踢掉一枚鸟卵来混淆鸟妈妈的视线。

杜鹃和猛禽雀鹰的样子相像

动物来了

如果找到的鸟巢太小,它就会先产下蛋,然后用喙小心地把蛋衔到其他鸟蛋中间去。

杜鹃蛋发育很快,往往比巢中其他鸟类的蛋早孵化或者同时孵化出来。在它孵化出来的几小时以后,就觉得巢中过于狭窄,便想把所有东西都甩掉。它会把原来鸟巢里的蛋一个一个挤出去,只留下自己,或者与早出生的小鸟争食,饿死其他小鸟。

当鸟妈妈回来看见巢中只剩下唯一的幼雏时,仍然会把它当亲生骨肉来疼爱,并且更加精心地哺育小杜鹃。小杜鹃的胃口越来越大,鸟妈妈更忙了,要捉更多虫子给它吃。一个月后小杜鹃就长成了比鸟妈妈大得多的"巨型婴儿"。小杜鹃并不感恩,羽翼丰满后,它会不辞而别,远走高飞。

虽然杜鹃的育雏习性不好,但它是松毛虫的天敌,其他鸟类都不喜欢吃松毛虫,杜鹃却偏偏喜欢这种美味。有研究人员观察,一只杜鹃每小时能捕食100多条松毛虫。除此之外,杜鹃也吃松针枯叶蛾等其他鳞翅目幼虫,还吃蝗虫、步行甲等其他农林害虫,这也是杜鹃这种鸟对人类的贡献吧!

20 智慧的猫头鹰

猫头鹰属鸮形目动物,因为脸和耳朵长得像猫而得名,它还有个名字叫神猫鹰。

猫头鹰属鸮形目动物,因为脸和耳朵长得像猫而得名

在我国有些人认为猫头鹰是不祥之鸟,听到它的叫声是不吉利的。可是在西方,人们往往把猫头鹰当成是智慧的化身。在小说《哈利·波特》中用来送信的信使就是猫头鹰。

猫头鹰的头部宽大,正面羽毛排列得使它的头部看起来圆圆的，瞳孔很大，也是圆圆的，耳朵轮廓分明，长满羽毛，整体看起来和猫的头极为相似。它的嘴很短，前端有钩，周身羽毛大多为褐色。一般情况下，雌性猫头鹰比雄性的要大一些。

大部分猫头鹰为肉食性动物，大多生活在树上

猫头鹰的分布广泛，除南极洲以外所有的大洲都有分布。大部分猫头鹰为肉食性动物，大多生活在树上，也有栖息在草地上和岩石间的。它们主要吃鼠类，也吃昆虫、小鸟、蜥蜴、鱼等动物。

猫头鹰是益鸟，是人类忠实的朋友。它们白天休息，晚上出来捕捉老鼠。据统计，一只猫头鹰一夜之间可以消灭四五只老鼠，最多可达二三十只，它确实是捕鼠能手。

晚上猫头鹰是怎么捉到老鼠的呢？主要由以下几个方面决定：

猫头鹰的视觉非常敏锐，因为它的眼球呈管状，有人把猫

头鹰的眼睛形容成一架微型的望远镜。

猫头鹰眼睛的视网膜上有极其丰富的柱状细胞，柱状细胞能感受外界的光信号，因此猫头鹰能觉察到极微弱的光，比人眼的能见度高三倍。它的脖子非常灵活，可以水平旋转270度而不被扭伤，因为它有14块颈椎骨，颈动脉比较接近脖子的中心，扭动时承受的牵扯力较小，这无疑扩大了它的视野。

猫头鹰有极其敏锐的听觉，它能够听到森林中极细微的声响，老鼠轻轻一动，它就听得见。另外，它的翅膀上长着一层细密的毛绒状羽毛，这些羽毛可以消去飞行中翅膀拍打发出的声音，使得飞行时产生的声波频率非常小，而一般哺乳动物的耳朵是感觉不到这么低的频率的。这样猫头鹰能够悄无声息地穿过夜幕笼罩的大森林，来到老鼠身边，用它尖锐的爪子瞬间把老鼠抓住。

猫头鹰是老鼠的天敌，在它的面前容不得老鼠出现，即使猫头鹰已经吃得很饱了，见到老鼠也要去捕捉，宁可咬死扔到一边，也决不放过。

猫头鹰都有吐"食丸"的习惯，因为它的素囔具有很强的消化能力，常常将食物整个吞下去，然后把不能消化的骨骼、羽毛、毛发等残渣集成块状，形成小团经过食道和口腔吐出，也叫唾余。

除个别种类之外，猫头鹰在繁殖过程中不营巢，而是利用树洞、岩穴或其他鸟类合适的弃巢孵卵育雏。

猫头鹰是国家二级保护动物，捕杀猫头鹰是违法的。如果没有猫头鹰，繁殖力很强的老鼠不知会多出多少呢！

动物来了

21 原始骆驼兔子大

我们想起沙漠中的生命时,就不能不想起骆驼,似乎那叮当作响的驼铃一直回荡在寂寞的漫漫黄沙深处。

骆驼是骆驼科骆驼属的动物,它身材高大,头相对比较小,脖子却较粗且长,弯弯的像鹅的脖子一样,浑身长着褐色的长毛,一副温顺的任劳任怨的样子。

全世界共有23个国家有骆驼。其中比较多的是非洲的苏丹、索马里和埃塞俄比亚,还有亚洲的印度。

据说骆驼的种族始于北美洲,最初是像兔子一般大的原始驼,后来进化成与羊相等的原驼,再到后来的美洲驼。

在冰河世纪时,成群的骆驼越过白令海峡到达亚洲和非洲,慢慢演化成现在的骆驼。

骆驼有两种,具有一个驼峰的,称为单峰驼,主要分布于阿拉伯半岛、印度及非洲北部;具有两个驼峰的,称为双峰驼,前后两峰相距约0.5米,绒毛发达,颈下也有长毛,上唇分裂,便于取食。

具有一个驼峰的，称为单峰驼

双峰驼更适合载重。双峰驼连续4天时间可载重170~270千克。单峰驼更适合骑乘。单峰驼比双峰驼高，奔跑速度更快，若有人驾驭的话，可一直维持着13~14千米的时速。

沙漠中常常是高温少雨的，骆驼却极能忍饥耐渴。它可以在没有水的条件下生存2周，没有食物的条件下可生存一个月之久。

骆驼的确是沙漠中最具特性的居住者，它在许多方面都是适宜在沙漠生活的。它的脚很长，大腿运动灵活，能走得很快。它的蹄子下面有肉垫，适于在沙漠中行走；蹄子宽大，使它在负重的情况下不至于深陷在沙内。它还习惯高抬着头，这样沙漠中地面灼热的气息不会影响到它。它长着长长的双层睫毛，风沙不会吹进它的眼睛，影响不到它的视线。另外，它的鼻孔里有个"门帘"，无论外面的风沙多大，只要把"门帘"放下来，风沙就吹不进去。它的耳朵里也长了一层毛，沙尘不会钻进去。它胸部和膝部的皮很厚，还长着厚厚的茧子，它趴跪时不会磨到身体。这些特征使得骆驼能够在沙漠中行走，但是在饥渴难耐的情况下能够长时间在沙漠中行走，靠的主要还是骆驼的肉峰和它特殊的胃结构。

骆驼背上的肉峰里面可以储存胶质的脂肪，在沙漠行程中可以随时分解成能量。有人认为骆驼的身体内部有水囊，可以储存水。还有的人说骆驼耐渴的秘密在于它的血液，其中含有高浓度的蛋白质，蓄水能力很高。骆驼红细胞的含量和体积比牛、马、羊的高得多，而且亲水力强，这些优越的生理条件使它不仅能大量地吸水，而且可以在血液中储存起来。

骆驼性情温顺，吃的食物一般是粗草和灌木

骆驼性情温顺，吃的食物一般是粗草和灌木。骆驼一生对人所求很少，给予人的却非常多。在浩瀚的沙漠中，人们要走出炎热的沙漠或者运载大量货物时，其他交通工具往往难以发挥作用，骆驼则是最为重要的驮畜，发挥着其他家畜及交通工具难以替代的作用。因此它才有"沙漠之舟"的美誉。

22 舌头灵活的食蚁兽

食蚁兽,你一听这名字就能猜出,它是吃蚂蚁的兽类。

对,蚂蚁是食蚁兽的主要生存来源。

食蚁兽是哺乳动物,它分布于中美洲和南美洲,从墨西哥最南端到巴西、巴拉圭的广大地区。

食蚁兽的舌头能伸到60厘米长,并能以一分钟150次以上的频率进行伸缩。它的舌头上遍布小刺,而且上面有大量的黏液,蚂蚁被粘住后无法脱逃。

它的食量很大,全身长着很多毛,呈棕褐色。它的皮肤又硬又厚,不怕猛兽的尖齿利爪。

食蚁兽吃蚂蚁也是有原则的,它在一个蚁穴中只吃140天左右,吃完后就会离开再换一个蚁穴。它的这种吃法可以保证自己领地内蚁穴中的蚂蚁存活下去,这样才能长期有蚂蚁可食。

为了防止它的长爪子受伤,食蚁兽用指关节行走,这种运动方式使它看上去像个跛子。

大食蚁兽会游泳,生活在潮湿的森林和沼泽地带,白天或晚上都会出来活动。斑颈食蚁兽栖在树上,也常下地。小食蚁兽在树上待着，它和斑颈食蚁兽白天多隐蔽在密林或躲在树洞里，夜间出来觅食，也会用前肢爪捣毁蚁巢，吃蚂蚁、白蚁及其他昆虫。

大食蚁兽对子女非常爱护，整个哺乳期间，它都会细心照顾幼体，生怕受到其他动物的攻击。大食蚁兽总是把幼体驮在背上，形影不离。

二趾食蚁兽和斑颈食蚁兽绝大部分在树上生活，随着美洲原始森林的大量消失，它们濒临灭绝。

小食蚁兽的体型与猫犬相似，外表奇特，性格温顺。

食蚁兽因为以蚂蚁为食才得到这个称呼

食蚁兽因为以蚂蚁为食才得到这个称呼。虽然它的身体不算小，身长有两米多，有的体重达50千克，但是它生性胆小怕事，行动特别谨慎。

食蚁兽没有牙齿，它的嘴巴和我们想象中的样子差别非常大，它的头前长了一根"管子"，前端有一个不大的孔，舌头可

以自由从中伸出或者缩回。

食蚁兽的舌头不仅长,而且肌肉极为发达,横向、纵向的肌肉纤维坚实有力,保证了舌头可以做伸缩翻卷的复杂活动。

如果食蚁兽找到蚂蚁巢穴,先是左右嗅嗅,找到一个突破口

如果食蚁兽找到蚂蚁巢穴,先是左右嗅嗅,找到一个突破口后,它就在那里伸出长爪,在蚂蚁巢穴上掘开一个洞,再逐渐把洞加深。之后食蚁兽将长舌伸入洞内,它的舌头又软又滑,还有黏性,进入蚁穴内就能把蚂蚁粘出,并送回嘴里吃掉。它们也会十分小心,使蚁穴不至于被完全破坏。

为了防止蚂蚁出兵反击,食蚁兽吃的速度很快。它会急匆匆地从一个白蚁巢转移到下一个,这样做既能吃饱,又能相对安全。

当然,它也会遇到危险。蚂蚁和一些其他昆虫,不甘心被食蚁兽吃掉,会爬到食蚁兽的身体上进行骚扰,逼得食蚁兽只好跑到河里,用水冲刷身上的敌人。

23 朝生暮死的蜉蝣

我们知道的许多成语故事和动物有关,如狐假虎威、龟兔赛跑等。有一个动物成语值得我们了解,那就是朝生暮死。

这个成语最开始描述的动物是蜉蝣。蜉蝣是一种最原始的有翅昆虫。

蜉蝣是一种最原始的有翅昆虫

蜉蝣的体色一般为浅绿色至褐色,身体扁平,体长通常为3~27毫米,头部非常宽扁,腹部末端有一对很长的尾须,部分

种类还有中央尾丝。

古人这样描述蜉蝣：不饮不食，朝生暮死。

蜉蝣的希腊文名字的意思也是仅有一天生命。它的一生要经过几个变态时期：卵、稚虫、亚成虫、成虫。

成虫前在水里生活1~3年，成虫不取食，成虫后的寿命很短，即所谓的朝生暮死。事实上，蜉蝣的生命仅有几小时，其间经过两次蜕壳，虽然短暂，但经历了完整的生命过程。

当然，如果从受精卵形成就开始计算寿命的话，那么它就不能算作短寿动物了。

蜉蝣特殊的变态方式有点儿像蜻蜓。稚虫在水中生活，成虫在空中飞舞，从幼虫变为成虫要经过一个"亚成虫期"，这时的亚成虫与成虫完全相似。亚成虫期历时较短，一般经数分钟到一天左右即脱皮变为成虫。

稚虫在水中生活，成虫在空中飞舞

变化之后，形态略似蚕蛾，尾末有三条细丝，大于身体长度。它们的行动敏捷，可以浮游在水面。

蜉蝣成虫生命短暂，但它也绝不虚度年华，而是急切地尽着自己做父母的责任，交配、产卵，繁殖下一代，之后为子女寻找理想的生活场所。

完成这些事情以后，它们的体力已经消耗尽了，于是便心安理得地死去。

在初夏的黄昏，我们会在小河边、池塘里看到体型轻巧又柔软的小昆虫，那些身体不大，看上去跟蚊子有点相似，成群地上下翻飞的就是蜉蝣。

关于蜉蝣，还有一些特别的故事。

2013年8月25日夜间，在匈牙利多瑙河沿岸发现了百万只蜉蝣飞虫。它们在空中弥漫，有的飞虫黏在行人的脸上，有的爬满车身。第二天清晨，人们发现地面上布满雄性蜉蝣飞虫的尸体，而其余的在一夜之间消失不见了。

2014年7月20日晚上，密西西比河流域出现大批蜉蝣昆虫，它们聚集在一起，酷似"黑云"，遮天蔽日，当时甚至还惊动了该区域的气象雷达。这些蜉蝣暴风雨般地顺着北风迅速向密西西比河上游移动，并出现在雷达屏幕上，就像该区域出现了中轻度降雨。大约三小时之后，随着蜉蝣扩散开来，雷达图像逐渐消失。

据英国《每日电讯报》报道，美国宾夕法尼亚州东部的一座大桥上也曾惊现大量蜉蝣，场面似六月飞雪，导致能见度降低。蜉蝣一窝蜂地围着路灯转，最后落在桥面上，堆成厚厚的一层，使得路面光滑不堪，引发多起交通事故。

小小蜉蝣，闹起事来也惊心动魄呀！

24 相爱相杀的接吻鱼

你一定能说出许多鱼的名字,但有一种鱼的名字,你听了后会惊讶。

这就是接吻鱼。

鱼儿还会接吻吗?答案是肯定的。

接吻鱼是一种热带鱼

接吻鱼是一种热带鱼,它们居住在亚洲东南的爪哇岛和婆罗洲岛的湖泊池塘里,比一支铅笔长不了多少。接吻鱼的体长一般为3~5厘米,身体呈长圆形,头很大,嘴唇又厚又大,并有细细的锯齿。

接吻鱼喜欢栖息于热带河流中,在原产地常被作为一种食用鱼。它对水质的要求不高,容易存活。当地居民非常钟爱接吻鱼,常常将它们养在鱼缸中,观赏其"接吻"表演。后来,接吻鱼便成了闻名世界的观赏鱼类。

接吻鱼游动起来缓慢、姿态优美,具有观赏性。它的身体微红带白,酷似初放的桃花,所以有人叫它桃花鱼。

接吻鱼嘴唇上的锯齿,看上去好像一把木锉。如果放在水箱中,它们会忽上忽下地游动不停,时不时地还会取食水箱里的水藻。它们的游泳技术很高明,在水里翻腾跳跃,跟猴子翻筋斗一样熟练。

两条接吻鱼相遇之后,双方都会伸长嘴唇,使劲地撞在一起

观察鱼缸里的接吻鱼,你很快就会发现,两条接吻鱼相遇之后,双方都会伸长嘴唇,使劲地撞在一起,你进一下,我退一步,我冲上去,你顶下去,看上去像是在接吻。

接吻时间长短不一,但次数相当频繁,直到一方退却才算接吻结束。

再仔细观察,你会发现,接吻并不只限于雄性和雌性之间,在同性之间也有接吻现象。

看到这些,我们就会明白接吻鱼的接吻行为不是示爱,而是在打仗,是为了保卫自己的领地不被侵占。它们的武器就是像木锉一样的厚嘴唇。

接吻鱼的这种保卫领地的习性是生来就有的,刚出生两个月的小鱼也会用嘴唇跟对方宣战。

有时你也会看到,只有一条鱼的情况下,它也会向着水草上的青苔或水族箱玻璃上的青苔不断地吸吮、舔食,表现出亲密的样子,这是它们的一种习性。所以有些人养鱼时,会在水族箱里放一尾接吻鱼作为"清道夫"。

接吻鱼生长快,长起来个头较大,最好选择大一点的鱼缸。它的性情温和,成群结伴在各个水层活动,休息时常常停在鱼缸的底部,可以与其他鱼混养。

接吻鱼好养,一般情况下寿命有6~7年。它不挑食,面包虫、碎蚯蚓等人工饲料它都吃。

接吻鱼温和的习性不会对其他鱼类构成威胁,只要一方退却让步,胜利者并不会继续穷追猛打,而是继续埋头干它的清洁工作,似乎什么也没有发生过。

动物来了

25 足智多谋的章鱼

虽然章鱼的名字中有鱼字,但它并不是鱼,而是一种软体动物,它是从头足纲动物进化而来的。章鱼的身体呈短卵圆形,囊状,没有鳍;头与身体分界不明显,头上长着一双像猫头鹰一样的大眼睛;眼睛下方的口旁长着细长灵活的八条触手,所以章鱼又有八爪鱼之称。

章鱼又有八爪鱼之称

章鱼生活在水下，适宜水温不能低于7℃，而且它在低盐度的环境下生活会死亡。

章鱼广泛地分布于世界各大洋的热带及温带海域，以瓣鳃类和甲壳类（虾、蟹等）为食。

章鱼的神经系统是无脊椎动物中最复杂、最高级的。在它的脑神经节上又分出视觉神经、嗅觉神经和听觉神经，而且都很发达，因此章鱼的足智多谋就不足为奇了。

看看章鱼是如何安家的吧！章鱼可能是安全感不够，对瓶子、罐子一类的东西特别感兴趣，总想钻到里面安家，所以经常会在一些古代沉船中的瓶瓶罐罐中发现章鱼的影子。章鱼还喜欢到其他贝类里面安家，它会耐心地在贝类的旁边等待，贝类张开的瞬间，它就把小石子投进去，贝类闭合不上了，章鱼就会钻到里面把肉吃掉，从此在贝壳里安家。如果实在找不到地方安家，章鱼就只能自己建一个新家，它会利用自己的腕足搬比自己体重大五倍甚至十倍的石块，而且它一般会选择在半夜三更去建造新家，所以在章鱼生活的地方，我们会看到很多建造精巧的"章鱼城"。

别看章鱼不大，它在海洋中可是很霸道的。它有八条感觉灵敏的触腕，每条上面有300多个吸盘，每个吸盘可拉住重100克的物体，所以一般的虾、蟹如果被它吸住，都很难逃脱。即使在休息的时候，它也有一两条触腕在时刻保持警觉，轻轻触碰，章鱼也会立刻跳起来，并从身体里喷出大量的墨汁，这些墨汁对人体没什么危害，但是对于一般的动物，就有麻痹作用，而且还可以扰乱视线，这时章鱼会看情况选择去留。

动物来了

别看章鱼不大,它在海洋中可是很霸道的

章鱼不仅可连续六次往外喷射墨汁,而且还能够像最灵活的变色龙一样,根据情况改变自身的颜色,比如在和死对头龙虾打到难解难分时,它就会不停地变换成明蓝色、灰色、紫色等,让龙虾眼花缭乱,失去战斗力。同时,它还能变形,把自己柔软的身体变成一个薄片,有时还可以变得如同一块覆盖着藻类的石头,然后突然扑向没有察觉到它的猎物。据说聪明的章鱼竟然可以用它的腕足打开瓶子的木塞将龙虾吃掉。

如果在深海中被章鱼缠住,也不要惊慌,因为它一般不会主动攻击人,只要不大声说话惊扰它,用手轻轻地抚摸一下它的身体,它就会主动地松开。

聪明的章鱼带给人们很多启示,了解章鱼究竟如何控制、协调它的八个柔软腕足,还可以帮助工程师设计出更灵活的机器手臂或不需要大脑的机器人呢!

26 眼睛长一侧的比目鱼

海洋是鱼类的世界,这里的鱼种类繁多,姿态各异,可是如果看到一种眼睛都长到一侧的怪模怪样的鱼时,你还是会小小地吃一惊的。这是什么鱼呀?这种鱼就是比目鱼,俗称偏口鱼,不仅可以食用,而且味道鲜美。

比目鱼又叫鲽鱼,是硬骨鱼纲鲽形目鱼类的统称

比目鱼又叫鲽鱼,是硬骨鱼纲鲽形目鱼类的统称。它们广泛分布在各大洋暖热的海水中,以海洋中的一些无脊椎动物和

鱼类为食，全世界一共有500多种。

比目鱼身体扁平，体形一般为长椭圆形、卵圆形和长舌形，两只眼睛都长在头的左侧或右侧。它们栖息在浅海的沙质海底，双眼同在身体朝上的一侧，用来看东西。这一侧的颜色与周围环境配合得很好，通常为橄榄褐色，带橙色斑点，而且能随着周围环境颜色的变化而改变，不易被察觉。它们休息时，就在身体上盖一层薄沙来隐藏自己。没有眼睛的一侧朝下，呈现银白色，没有任何色素。比目鱼的身体表面有极细密的鳞片，只有一条背鳍，从头部几乎延伸到尾鳍。

比目鱼身体扁平，体形一般为长椭圆形、卵圆形和长舌形

难道比目鱼生下来就是这般怪模怪样的吗？不是的，比目鱼作为幼鱼时和别的鱼没有什么不同，也是头部左右两边各有一只眼睛，而且两只眼睛左右对称，没有什么不寻常的地方。这时比目鱼还生活在海面或靠近海面的上层海水中，因为比目鱼产出的卵是浮在海面上的，之后比目鱼的生长发育经过卵、胚、幼体、后期幼体、幼鱼五个阶段。当幼小的比目鱼长到20

多天的时候，它的身体有指甲大小了，这时它的第六个变化出现，而且这个变化非常奇怪，它头部左侧的眼睛开始向头顶移动，逐渐越过头顶迁移到头部右侧。

因为比目鱼的头骨是由软骨构成的，所以当比目鱼的眼睛开始移动时，两眼间的软骨先被身体吸收，这样眼睛的移动就没有任何障碍了。在眼睛移动的同时，它的背鳍开始向头顶延伸。有些比目鱼是右眼向左眼移动，但不管怎样，最后的结局都是一样的，双眼一定是移动到了身体的同一侧。这时它的身体内部也发生了变化，它不能在海洋表面生活了，只能转向海底。从水面到水底，比目鱼可以较容易地到附近的沙里避难，也更便于吞食小型甲壳类动物，可是比目鱼并不停歇，它喜欢到处遨游，总想找到更好的居住地。

由于比目鱼的肉质鲜美，所以很受人喜爱。在英国人重要的食用鱼名单上，比目鱼占有主要地位。新鲜的比目鱼可以食用或者制成罐头，它的肝脏还可以提炼鱼肝油。

比目鱼富含蛋白质、维生素A、维生素D、钙、磷、钾等营养成分，尤其维生素B_6的含量丰富，并且脂肪含量较少。另外，比目鱼富含人类大脑发育过程中必不可少的物质DHA，所以经常食用比目鱼有助于智力发展。

27 善于教育的果子狸

我们之前介绍过蜉蝣,它们在生命终结前,还要为后代寻找合适的栖息地,以确保幼体们生活舒适。这是好父母的典范。还有,蝙蝠能通过声波在众多同类个体中辨识自己的亲生子女。

自然也有相反类型的父母,比如鹈鹕,它们出了门就认不得自己的孩子了。

现在我们要介绍的这种动物,除了呵护孩子的安全,还懂得教育。它就是果子狸。

你一听这名字,就会自然地想到这是一种吃果子的动物。

果子狸的学名叫花面狸,它是一种珍贵的野生动物。它的体色呈黄灰褐色,身体微胖,颈部粗短,和身体连接很近,不易区分。

果子狸的学名叫花面狸

果子狸主要栖息在森林、灌木丛、岩洞、树洞或土穴中，偶尔也可以在开垦地发现。

果子狸喜欢吃皮肉较软、有甜味的野果。它吃野果时会先全部吃下，之后再吐出果核，不管果核多大、多硬，它都能吐出来。偶尔果核会随它的大便排出去。

果子狸会选一个野果丰富、果树集中的山地作为活动场所。它的生活习性是白天隐居在岩洞、树洞里，天黑后才慢慢出来觅食。

果子狸会选一个野果丰富、果树集中的山地作为活动场所

果子狸也喜欢群居，通常三五成群地走出灌木丛，去寻找果园。找到果园后，它们会迅速爬上挂满果子的树枝，大吃一阵。它们轻轻松松地就能把果园里的果子全部吃掉。

很多时候果子是有限的，这时果子狸会把老鼠、青蛙、蛇、蜥蜴、一些昆虫以及鱼、虾当成补充食品。

初春的时候，果子狸爬出岩洞，在灌木丛间或草丛中奔跑呼唤，找寻配偶。

到了入夏时节，母狸临近产期，这时公狸和母狸相依相随，一起走入深山密草之处，钻入岩洞，等待生产。

很快小果子狸出生了。这时它的父母便走出去，寻找采集果子。

它们的生活场所不太固定，哪里的果子多，就会在哪里待着，过着类似游牧一般的生活，等某处的果子吃完了，再移居到其他地方，到了天冷的时候，它们就会返回老家。

母狸懂教育，它对孩子的管教是很有方法的。幼狸出生十天后，眼睛刚睁开，四肢能爬动了，母狸便开始教育、训练幼狸。

晚上，母狸从窝里叼出一两只幼狸，放在洞外。

它在窝里观察外面的动静，等幼狸乱蹦乱叫一阵之后，母狸再把它们叼回窝里。母狸希望孩子运动多些，这样可以促进身体发育，将来独立行走时，本领才会多些。

果子狸很讲卫生，不随地大小便，会把粪便排到固定的场所。它会先用爪扒个小坑，把粪便排在坑内，再盖上土。当然，它也会培养幼狸养成在屋外排便的良好习惯。

28 捕虫能手——青蛙

"绿衣小英雄，田里捉害虫，水陆都是家，唱歌顶呱呱"，这个谜语的谜底是什么动物呢？是青蛙。

青蛙还叫田鸡、水鸡，是脊索动物门、两栖纲、无尾目、蛙科的两栖动物。最原始的青蛙在三叠纪就开始进化了，现今最早有跳跃动作的青蛙出现在侏罗纪。

青蛙的体色为青绿色；头扁平，呈三角形；嘴巴很大；眼睛很大，向外突出；眼睛后面有一个圆形鼓膜，雄性青蛙口角的后面有一对褐色声囊，鸣叫时会鼓出泡来；颈部不明显；四肢短小，没有尾巴。虽然青蛙的外表长得不那么讨人喜欢，但是如果真正了解它，你就会感受到它挺可爱的一面。

青蛙和蟾蜍都属于无尾目，形态结构很相近，这两种动物没有太严格的区别。蟾蜍的皮肤粗糙，青蛙表面却很光滑，它们都善于游泳，都是捕虫能手。它们的成体都用肺呼吸，兼用皮肤呼吸，能够离开水在陆地上生活。

无尾目动物是生物从水生进化为陆生的第一步，比其他两栖生物先进，虽然多数已经可以离开水生活，但是繁殖过程仍然离不开水,受精卵需要在水中经过变态发育才能成长。所以青蛙卵先发育成的是小蝌蚪,这些黑色的小家伙用鳃呼吸,只能在水中生活。长着长着,它们的鳃就退化了,体内形成肺,这时就可以到陆地生活,用肺呼吸了。当然,如果它们喜欢,还可以跳进水中去玩耍。

受精卵需要在水中经过变态发育才能成长

一般情况下,一只青蛙一天可捕食害虫五六十只,有时可达200只。一只青蛙一年吃掉那么多害虫,成千上万只青蛙消灭的害虫数量就非常可观了。而且不只青蛙吃害虫,连它发育过程中的蝌蚪阶段也可以吃掉非常多的孑孓。

青蛙为什么能捕捉到这么多的害虫?

皮肤的颜色很好地帮助了它,绿色的身躯和青草的颜色浑然一体,能巧妙地骗过很多害虫。另外,它还有一双特别的眼睛,看运动的东西时非常敏锐,所以那些起舞的小飞虫总是难逃青蛙的法眼。它还可以在一团飞舞的昆虫里辨别出它最喜

吃的苍蝇和蛾子。

它还长着一条特殊的舌头。舌根在外,舌尖在里并且分岔,可以非常灵活地伸出,上面还带有黏液,可以粘住害虫。

青蛙有很好的跳跃能力

青蛙有很好的跳跃能力,别看它长得有些笨重,可是能够跳起它身体20倍的距离,吃掉那些"高高在上"的飞虫并不是一件难事。

青蛙一生离不开水或潮湿的环境,它害怕干旱和寒冷,所以它们大部分生活在热带和温带多雨的地区。

青蛙捕食害虫的样子比较呆萌,它蜷着后腿跪在地上,前腿支撑着身体,仰着头,肚皮一鼓一鼓的,害虫在它面前一晃,它就把身子猛地向上一蹿,一翻舌头又落在地上,虫子不见了,它又原地坐好,等待着下一只虫子的到来。

29 会爬树的鱼

海洋的世界千奇百怪,现在我们来说说能爬树的"鱼"。

鱼能爬树?你一定不相信。可是真有这样的鱼。

鱼儿离不开水,因为鱼要靠鳃呼吸,从水里吸收氧气。离开水,鱼的鳃就会干裂坏死,没有氧气,就不能存活。

但是有一种鱼,除了鳃之外,它还有第二、第三个用来呼吸的结构,可以吸收空气中的氧气,这样离开水它也能活,这种鱼叫弹涂鱼,又名跳跳鱼、泥猴等。

弹涂鱼有鳃,是真正的鱼,属于进化程度较低的古老鱼类。它的体形呈圆柱形,一般体长10~20厘米,重20~50克,全身遍布不规则的绿褐色斑点。它一般栖息在河边、滩涂处或低潮区,例如居住在红树林周围。

弹涂鱼的皮肤和尾巴都可作为辅助呼吸的器官,能较长时间地露出水面生活,对恶劣环境的耐受能力较一般鱼类强。

弹涂鱼的一生有很多时间都不在水里度过,离开水生活已经成为弹涂鱼的重要习性。

像有些动物一样,弹涂鱼在陆地上活泼好动,胸鳍肌柄能

前后自如运动,起着爬行动物前肢的作用,这样它上树的速度和能力就会大大提高。当胸鳍向前运动时,腹鳍起着支撑身体的作用。当它作短距离蹦跳时,只依赖胸鳍活动。如果作一米以上距离的跳跃时,就必须依靠尾部叩击地面。

弹涂鱼在陆地上活泼好动,胸鳍肌柄能前后自如运动

每当退潮时,弹涂鱼就会在滩涂地方跳来跳去地玩耍和互相追逐。

弹涂鱼鳃的周边长有小口,可以存住一次呼吸的水。它出水后,发达的鳃室会充满空气,并把尾部浸在水中,作为辅助呼吸之用。就是因为有了这种独特的呼吸本领,弹涂鱼才可以完全离开水一段时间……

它们能爬上树,涨潮时就待在水域外。

退潮以后,红树林露出水面,弹涂鱼的胸鳍里面的肌肉结实粗壮,能伸能缩,在尾巴的帮助下,它能迅速爬上树,有时还会跳跃前进,去捕食落在树上的昆虫和小动物。有时也会爬到岩石或其他石头上晒太阳。

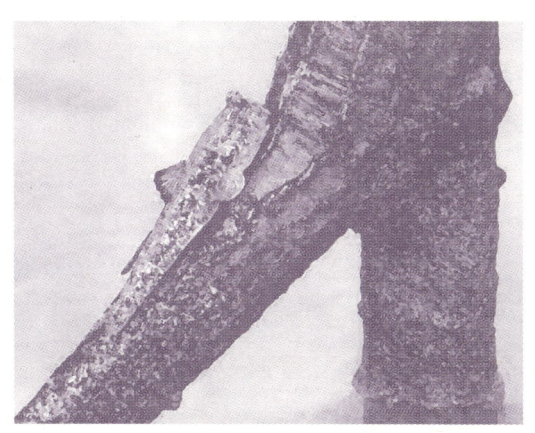

弹涂鱼的胸鳍里面的肌肉结实粗壮,能伸能缩,在尾巴的帮助下,它能迅速爬上树

弹涂鱼是鱼类中的天才,世界上共有25种弹涂鱼。

利用人工池塘可以养殖弹涂鱼,它的肉质鲜美细嫩,爽滑可口,含有丰富的蛋白质和脂肪,日本人称其为"海上人参"。特别在冬令时节,弹涂鱼的肉肥且腥味轻,故又有"冬天跳鱼赛河鳗"的说法。

弹涂鱼虽然能够离开水到平坦的浅海滩涂上独自闯荡,但对许多弹涂鱼来说,还是需要一个充满水的地下巢穴。因为落潮后,它们常常面临着被滨鸟和多种陆生哺乳动物捕食的危险。涨潮后,弹涂鱼可以进入自己挖的洞穴内以躲避有些食肉鱼类的攻击。所以地下巢穴可以保证生命安全。

弹涂鱼的地下洞穴除了用作避难所外,还可用来作抚育室。

30 "活雷达"蝙蝠

顾名思义,"飞禽走兽"这个词就是说鸟会飞,兽会走。但在动物界有一些特别的现象,有不会飞的鸟,如鸵鸟、鸸鹋、几维、企鹅等;有不会走的兽,如蝙蝠等。

像鸟儿一样,蝙蝠有两只翅膀,不过它的双翅没有羽毛,而是薄薄的皮膜,因此鸟儿不把它看作本家。

蝙蝠的双翅没有羽毛,而是薄薄的皮膜

蝙蝠属兽类,但它不像一般陆地兽类在地上行走;它会飞,能像大部分鸟类一样在空中飞翔,即使没有鸟类那样的羽毛和翅膀。

某些种类的蝙蝠还是飞行高手,它们能够在狭窄的地方非常敏捷地转身,不像有些只能靠翼形皮膜在空中滑行的哺乳动物,如鼯鼠。蝙蝠是唯一有飞翔能力的哺乳动物。

蝙蝠几乎遍布于全世界,尤其在热带和亚热带居多。

蝙蝠居住在山洞里、古老建筑物的缝隙、树洞以及山上岩石缝中。有一些南方食果的蝙蝠还会隐藏在棕榈、芭蕉树的树叶后面。它们总是倒挂着休息,聚成群体,从几十只到几十万只。

绝大部分蝙蝠在夜间飞行时捕食昆虫,每只蝙蝠都能辨别出自己发出的声波,即使与其他蝙蝠一起捕食,它也不会被别的声波干扰。

绝大部分蝙蝠在夜间飞行时捕食昆虫

以昆虫为食的蝙蝠在不同程度上都有回声定位系统,因此有"活雷达"之称。

它的口鼻部上长着被称作"鼻状叶"的结构，在周围有很复杂的特殊皮肤皱褶，这是一种奇特的生物光波装置，具有发射波的功能，能连续不断地发出高频率生物光波。如果碰到障碍物或飞舞的昆虫时，这些生物波就能反射回来，然后由它超大的耳廓接收，最后在它的大脑中分析反馈得到的讯息。这种生物波探测的灵敏度和分辨力极高，使它们不仅能根据回声判别方向，为自身的飞行路线定位，而且能辨别不同的昆虫或障碍物，进行有效的回避或追捕。

蝙蝠就是靠着准确的回声定位系统和无比柔软的皮膜在空中自如盘旋，甚至还能运用灵巧的曲线飞行不断变化发出波的方向，从而防止昆虫干扰它的信息系统乘机逃脱。

科学家们认为蝙蝠的视力并不差，不同种类蝙蝠的视力情况各不相同，所以蝙蝠使用超声波与其视力没有必然联系。

蝙蝠类动物的食性相当广泛，有些种类喜食花蜜、果实，有些种类喜食鱼、青蛙、昆虫，有些甚至吃其他蝙蝠。一般来说，大蝙蝠类以果实或花蜜为主要食物，而大多数小蝙蝠类则以捕食昆虫为主。

蝙蝠和有些动物一样，有冬眠的习性，选择的地方都在洞里。

同其他动物一样，许多种类的蝙蝠在自然界越来越少，趋于灭绝。

蝙蝠在维护自然界的生态平衡中起着重要作用，它们能消灭大量蚊子、夜蛾、金龟子等，对人类有益。

蝙蝠的粪便还是很好的肥料，对农业生产很有用。

动物来了

31 "仁、义、礼、智、信"的大雁

"江上柳如烟,雁飞残月天""胡雁度日边,风雪迷河洲""八月初一雁门开,鸿雁南飞带霜来",我国古代有许多描写大雁的文学作品,"鸿雁传书"的故事也是古已有之。那么,大雁到底是一种什么样的鸟呢?

大雁

  大雁,又称野鹅,属鸟纲,鸭科,是雁亚科各种类的通称,是一种大型候鸟,属国家二级保护动物。我国常见的有鸿

雁、灰雁、豆雁、白额雁等。

  大雁是一种游禽，体形较大，嘴比较宽厚，纯种的大雁额部没有肉突，人工饲养的有肉突。嘴的长度和头部的长度几乎相等，上嘴边缘有强大的齿突，嘴甲强大，占了上嘴端的全部。颈部短粗，翅膀又长又尖，尾部下方呈流线型向上，适合飞翔。羽毛大多为褐色、灰色或白色，有的上面还有斑点。

  大雁已经成为一种季节的象征。秋天到了，北雁南飞，年年如此。大雁每一次迁徙都要经过1～2个月的时间，途中历尽千辛万苦，但是它们从不失信，如约而至。

  大雁是出色的空中旅行家。秋冬季节，它们就从老家西伯利亚一带，成群结队、浩浩荡荡地飞到我国的南方过冬，有一些栖息在洞庭湖附近。第二年春天，它们经过长途旅行回到西伯利亚繁殖。大雁的飞行速度很快，每小时能飞68～90千米。

加速飞行时，队伍排成"人"字形

  飞行途中，大雁总是几十只、数百只，甚至上千只汇集在一起，规模庞大，列队而飞，古人称之为"雁阵"。虽然这些雁阵一般由许多个家庭或群共同组成，但是它们都会团结一心，井然有序。雁阵由有经验的"头雁"带领,加速飞行时,队伍排成"人"字形,减速时,队伍又由"人"字形换成"一"字形。雁阵的排列非常有科学性,成员由6只或6只的倍数组成,这样组合便于成行成列。

头雁一般是由那些有经验的、身体健壮的大雁来承担,因为它在空中划过时,翅膀尖上会产生一股上升气流,这股气流会让后面的大雁借力,从而减少体力消耗。而头雁没有任何可以借力的方式,不仅如此,头雁还会对雁群发出鼓励的叫声,让同伴们加油,因此头雁最为辛苦。雁群要经常地变换队形,更换头雁。幼雁和年迈的大雁一般被安排到队伍的里面位置。

大雁还非常重情重义,如果有一只大雁掉队了或受伤了,雁群里会留下其他大雁来照顾它,绝对不会丢下孤雁不管。它们对爱情也很忠诚,一只死去,另一只可能会跟着死去或至死不再结伴。

大雁常在黄昏或晚上选择在水边休息,这时会派一只老雁值勤、警卫,保护雁群的安全,所以有"雁为天厌"之说,一有风吹草动,大雁就会飞上天空,可见大雁的警戒工作做得非常细心。

大雁自古以来一直被认为是"仁、义、礼、智、信"五常俱全的灵禽。

大雁的羽毛丰厚,胸肌发达,肉中含有多种营养物质,可以入药,所以有很多地方在人工养殖大雁。

32 可爱的小燕子

鸟类中有一部分是候鸟,这部分鸟有迁徙的习惯,一般都是在春秋两季沿着固定的路线从繁殖地到避寒地。年年如此,比如天鹅、大雁、杜鹃等。还有一种比较常见的候鸟就是小燕子。

小燕子,学名家燕,属于燕科、燕属。

世界上有家燕、岩燕、灰沙燕、金腰燕和毛脚燕等20多种,我国有4种,其中以家燕和金腰燕比较常见。

小燕子的家乡在北方,玄有黑色的意思,所以古代又将其称为玄鸟。

"一身乌黑光亮的羽毛,一对俊俏轻快的翅膀,加上剪刀似的尾巴,凑成了活泼机灵的小燕子。"燕子的个头很小,毛色比较单一,体态轻盈,飞行速度极快,快如闪电。它们每天花大量的时间在空中捕捉害虫,主要以蚊、蝇等为主食,是众所周知的益鸟。

动物来了

燕子的个头很小,毛色比较单一,体态轻盈

家燕在世界各地都有分布,我国的家燕都在北方,它们雌雄之间没有太大差异,对人类非常信任,常常在屋檐下筑巢建窝。它们是天生的建筑家,对自己的住所修建得非常用心。先是用心地选址,一点一点地衔泥,每次只能衔来黄豆大小的泥,还要加一些草棍用来加固,然后用自己的唾液粘牢,每天往返无数次,一刻不停。它会在建好的巢上面留一个豁口,还会在外面建一个平台。巢的内部也绝不马虎,它会在里面铺上软草、羽毛等。因为工程量大,所以工期很长,估计建好一个巢,它们会飞上万次。建好的鸟巢非常结实耐用,可以使用许多年,每年只要稍做维修就可以了。

"燕子归来寻旧垒""羁鸟恋旧林,池鱼思故渊",燕子对自己筑的巢感情深厚,每年无论飞多远,哪怕是千山万水,它们也能凭借惊人的记忆找到自己的家,然后继续在那里生儿育女。

为什么燕子每年要到南方去过冬,只是因为北方冬天天气

寒冷吗？它飞去南方是为了享受阳光和温暖吗？其实燕子南迁并非只是因为天气，更主要的是解决食物问题。燕子习惯捕食空中的飞虫，它不像其他鸟类可以去树中捉虫，在地里刨虫。北方的冬天，蚊、蝇等飞虫已经绝迹，燕子不得不成群结队地到南方寻找充足的食物。

燕子南迁并非只是因为天气，更主要的是解决食物问题

因为燕子是益鸟，所以人们非常欢迎它们到自己家的屋檐下筑巢，而且有很多文学作品是用来赞美它们的，比如"燕子不归春事晚，一汀烟雨杏花寒""燕子不来花著雨，春风应自怨黄昏""燕子家家入，杨花处处飞"，等等。

33 身披铠甲的犰狳

有一种动物,它身体最明显的特征就是有一副鳞状铠甲,这副甲胄看上去威风凛凛,它曾被西班牙征服者冠以"披甲猪"之称,这种动物就是犰狳。

犰狳又称铠鼠,是一种小型哺乳动物,与食蚁兽和树懒有近亲关系。

犰狳生活在森林、草原、半荒漠等区域

犰狳生活在森林、草原、半荒漠等区域,是一种濒危物种。

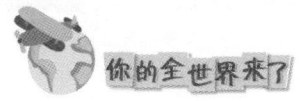

大犰狳身体长达1米，重达60千克，小犰狳只有120克。所有犰狳的四肢都很壮实，长着小耳朵和长尖的嘴，前后足大而有钝爪，前脚上有力的爪子利于挖洞。

骨质甲覆盖头部、身体、尾巴和腿外侧

大多数种类的犰狳，它们的骨质甲覆盖头部、身体、尾巴和腿外侧。这层骨质甲深入皮肤中，由薄的角质组织覆盖。头部、前半部和后半部的骨质甲是分开的。身体中间的骨质甲呈带状，可以灵活活动，身体上没有骨的地方长有稀疏的毛。

犰狳吃白蚁、蚂蚁、蛇、腐肉和植物等。主要以昆虫为食，有时也吃无脊椎动物和小型脊椎动物。白天生活在洞里，晚上出来找食物。当食物供应不足时，它也会选择白天外出活动。它的天敌包括狗、美国山猫、熊和郊狼。

犰狳的栖息处多是茂密的灌木丛、草地、荒野，通常还有一处浅塘或泥坑。它能在浅水中跋涉，如果河流较窄，就深吸

一口气，潜进水中，从河底爬上对岸；如果河面较宽，它就先吸足空气，然后游过去。它的游技很高，本领也强。

犰狳天生近视，受到惊吓时，它便向上跳跃，因为它有上公路寻找死亡猎物的习性，所以就容易撞在车的下部。

动物学家们认为，哺乳动物目中，犰狳是具备最完善自然防御能力的动物，它们的防御手段可概括为三点：一逃、二堵、三伪装。

什么是逃呢？犰狳逃跑的速度相当惊人，当它遇到危险时，能以极快的速度把自己的身体隐藏到沙土里。别看它的腿短，掘土挖洞的本领却很强，打洞的速度非常快。夸张地说，你可能看到它的瞬间，它就已经钻到土里去了。

什么是堵呢？就是它钻入土洞以后，会用自己的尾部盾甲紧紧堵住洞口，好似挡箭牌一样，使敌人无法靠近。

什么是伪装呢？那就是它会把全身蜷缩成球形，身体被"铁甲"包围，坚硬得让侵害者无从下手。

科学家们发现，犰狳是除人类以外唯一携带有麻风杆菌的动物。这种小型哺乳动物的发病情况和人类一模一样，最后死于肾脏和肝脏损伤。

可能因为它的坚硬代表顽强吧，2014年巴西世界杯的吉祥物就是犰狳。

34 惰性十足的树懒

大自然里的生物都在食物链中,每种生物都在吃与被吃的关系中想尽办法躲避自己的天敌,壁虎遇到危险时会放弃尾巴,海参遇到危险时会排出内脏。可是有一种动物,它就懒得想办法,甚至懒得吃,懒得玩耍,这种动物就是树懒。一听名字,也许你就能想象到它的习性。

树懒是哺乳动物,在树上生活,从外形看上去很像猴。它的动作迟缓,平时就用爪倒挂在树枝上,并且可以数小时不移动,故被称为树懒。和名字相符,它确实是一种懒得出奇的动物。

树懒生活在南美洲茂密的热带森林中,一生不见阳光。

树懒既不会跑跳,又不善爬行,整天懒洋洋地赖在树上。它从不

树懒是哺乳动物,在树上生活

下树,摘到树叶、嫩芽就吃,吃饱了就倒吊在树枝上睡懒觉,可以说是以树为家。它竟能一个月不吃不喝。

其实,树懒有时候也要攀爬几步,只是行动太缓慢了,以至于让人忽略了。如果非得活动不可时,它的动作也是懒洋洋、慢吞吞的。偶尔遇上天敌,也是一副若无其事的样子。人们往往把行动缓慢比喻成乌龟爬,其实树懒比乌龟爬得还要慢。面临危险时,它逃跑的速度也不会超过0.2米/秒。

从出生到生命结束,树懒一辈子都待在大树上。它居住在大树上的方式与其他动物不同,既不是躺着,也不是靠着。它的脚上有钩状爪,钩在树枝上非常牢固,完全不用担心跌落。对于一只树懒来说,这种"体操"技巧只是小儿科,它的身体不重,可以轻松地倒挂在大树上,仰面朝天,好像完全不需要身体费什么劲儿一样。

它的身体不重,可以轻松地倒挂在大树上

树懒的体温调节机能不完全,静止时的体温范围是28~35℃,适应温度的范围有限,所以它栖息在热带环境中,那里

的温度比较稳定。当环境温度降至27 ℃时，便会发抖。

　　树懒是唯一身上长有植物的野生动物，它的全身毛色灰褐，但因为附着有藻类植物和地衣，所以外表呈现绿色。这层保护色使它更加隐蔽，其他动物很难发现它的存在。

　　对树懒来说，最恐怖的天敌莫过于角雕，强悍的大雕有着尖利的爪子和恐怖的尖嘴，面对它们，树懒一丁点儿生还的希望都没有。除非角雕看不见行动缓慢的树懒。

　　也有学者认为，树懒是一种超级谨慎的动物，所以才行动缓慢。

　　树懒很少有对它有兴趣的天敌，有以下几方面的原因：

　　（1）树懒身上的皮毛很密，能够防御林中小食肉动物的抓咬。

　　（2）树懒身上的绿毛是它的保护色，加上它常年在树上活动，天敌相对较少。

　　（3）树懒的肉不好吃，这是最主要的。一般捕食者不会耗费自己的能量吃难吃的猎物。

　　（4）树懒的爪很锋利，劲很大，这也是它的一种防御手段。

动物来了

35 繁殖最快的蚜虫

许多昆虫都是子孙满堂的,因为昆虫的繁殖能力都很强,其中繁殖最快的是蚜虫,它们更是多子多孙,常常几代同堂,六七代的也不足为奇。

蚜虫,俗称腻虫、蜜虫,属于半翅目,主要分布在北半球温带地区和亚热带地区。

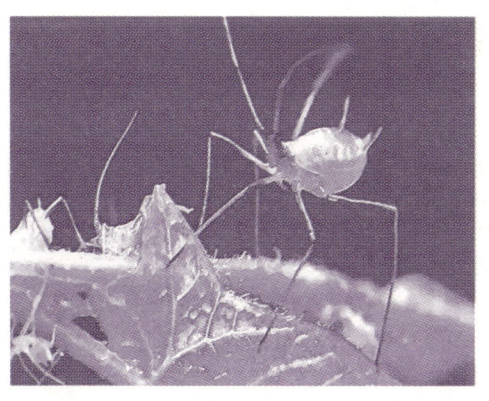

蚜虫

蚜虫可能在二叠纪早期就已经出现,已知最古老的蚜虫化石来自三叠纪。

蚜虫很小,身体透明,大部分为绿色或白色,长约2毫米。触角多数6节,眼大,腹部大。

全世界已知蚜虫种类有2000多种,分有翅和无翅两大类。

蚜虫的繁殖力很强,一只成年蚜虫,一代可产70只小蚜虫,一年繁殖十几代甚至几十代。雌性蚜虫一生下来就能生育,而且不需要雄性就可以怀孕。

绝大多数蚜虫的危害性很强,被列为世界性害虫。它们会吸食比它们体重重几十倍的物质,将排泄物排放到植物上,影响其正常的生理活动。蚜虫的活动会使叶片萎缩、卷曲,使花朵变形或减少。同时,还会诱发植物疾病,造成植物枯死。有的蚜虫可寄生在一百多种植物上,例如:菜蚜危害卷心菜、花椰菜等的生长;玉蜀黍根蚜危害玉米生长;麦二叉蚜危害小麦、燕麦;棉蚜主要危害棉花、黄瓜等;马铃薯长管蚜危害马铃薯的生长。

有的蚜虫可寄生在一百多种植物上

蚜虫之中除了五倍子蚜是益虫外，其余的都是毁灭性的害虫。

蚜虫的身体柔软，所以有大量天敌，主要有瓢虫、食蚜蝇、寄生蜂、草蛉等。

蚂蚁和蚜虫是"狼狈为奸"的朋友。蚜虫用带吸嘴的小口针刺穿植物的表皮，吸取养分，每隔一两分钟，这些蚜虫的腹部会分泌含糖的蜜露；蚂蚁则把蜜露刮下并吞入，同时保护蚜虫，赶走蚜虫的天敌，两种动物各取所需。

那么，生活中该如何除掉有害的蚜虫呢？

培养花卉的过程中，应该注意通风情况，可以适当地给植物晒太阳。也可以将从市场上购买的粘虫板挂在植物上，这种方法对一些带翅膀的蚜虫很有作用。如果家里养的植物比较多，可以养几只瓢虫，它们是蚜虫的天敌。还可以自己制作草木灰，加水稀释后喷到被蚜虫侵袭的植物上。

对于大面积的作物来说，要想除掉蚜虫的话，上面介绍的方法是不可行的，必要时可借助杀虫液来灭杀。

36 分身有术的海参

海参是一种海洋棘皮动物,大概在寒武纪就开始存在,是一种古老的动物,有"海洋活化石"之称。它经历了几次地球大毁灭都生存了下来,可见生命力非常顽强。

海参同人参、燕窝、鱼翅齐名,是世界八大珍品之一。它不仅是珍贵的食品,也是名贵的药材。

海参

生活中吃到的海参通常是已经切成碎块的，或许已经做成了熟菜。海参的真面目是不容易见到的，因为它居住在海底，只有潜水下到海底才能看到它。

海参的真面目是不容易见到的，因为它居住在海底

海参长得胖胖的、圆圆的，像个圆筒，一般长10～20厘米，特大的可达30厘米。它的外形很像一根大黄瓜，脊背上长了不少肉刺儿，触手呈轮形，一般为20个。它平时喜欢趴在海底岩礁下面或者是泥沙上面，吃一些海藻和小虫。

夏天，海水太热的时候，它会迁移到凉爽一些的海水里去避暑，在那儿它不吃也不动，变得像石头一样硬，整个身体收缩，如同一个刺球，这时它是非常安全的。一般动物不会吃掉它，它一睡就是整整一个夏季，一直睡到秋天才醒过来。这时它的身体又恢复得软绵绵的了。

软绵绵的海参怎样逃避敌害、保护自己呢？你不用替海参

担心,它有自己独特的护身法宝。假如敌人攻击它,它就会紧缩身体,把内脏从肛门挤出去,这时敌人就会放弃它的真身,海参则趁机逃跑。海参这种分身术常常会迷惑敌人,保住自己的性命。没有了内脏,只有一个空壳,海参还能活命吗?不用担心,海参有很强的再生能力,它能够再生出一副内脏。不光是内脏,它身体的许多器官都有再生能力。假如一条海参被切成两段,重新放入海中,经过几个月,分开的头尾又能重新长成新的海参。

一种叫隐鱼的小海鱼与海参共生。遇到危险的时候,它会从海参的肛门钻进海参的肚子里,把海参当成避难所,到了夜晚,隐鱼还会出来觅食,它就从海参的肚子里出去,有时两三条隐鱼同时进进出出,它们随心所欲,而海参总是宽宏大量地对待它们,一点儿也不觉得厌烦。

海参的种类很多,全世界大约有1100种,分布在各个海洋。这么多的种类中,要数梅花参最出名,因为它的个体最大,体长一般有60~70厘米,宽约10厘米,高约8厘米,最大者体长可达120厘米。

海参具有高蛋白、自溶性的特点。海参离开海水后或遇到某些不适刺激会自行融化成水状,所以将活海参采捕上岸后,必须立即进行加工,而且活海参对周围水环境的要求很高,怕油怕脏,一滴油或一根头发就能让它融化成水。

37 北极霸王——北极熊

白熊居住在地球的北极，又称北极熊，它是北极地区最大的食肉动物，也是北极最有代表性的动物。有人认为，北极熊是在20万~50万年前从棕熊分化出来的。

北极熊是熊类中个体最大的一种，它的身躯庞大，体长可达2.5米，行走时肩高1.6米，体重可达半吨，足部宽大，但是它长着小而圆的耳朵，细长的脖子。

北极熊

北极熊全身披着厚厚的白毛,耳朵也是如此。

北极熊身上的毛是中空的,既隔热,又保暖,它完全不在乎北极的严寒,有时在北极的薄冰上轻快地行走,有时在北极冰冷的海水中游泳,状态好的时候一口气能游四五千米。

北极熊的气力和耐力都非常惊人,奔跑时速高达60千米。

为了对抗北极的严寒,与其他熊科动物不同,它只是对食物中的脂肪特别感兴趣,时常享用完脂肪之后就扬长而去,不会储藏食物。要知道对它而言,高热量的脂肪更为重要,因为它需要维持自己的脂肪层,这样才有助于保暖。

北极熊主要捕食海豹,也捕捉海象、白鲸、海鸟、鱼类、小型哺乳动物,有时也会吃一些腐肉。为了便于找到食物,它把自己的家建在海豹可以浮出的薄冰上。

春夏季节,成群的海豹躺在冰面上晒太阳,尽管周围非常寂静,可是海豹还是非常小心。这时,北极熊的机会来了。北极的冰川雪原白茫茫一片,北极熊在这样的背景下很难被发现。它想方设法悄悄地靠近海豹,有时还会借助一块浮冰,当海豹刚刚放下心来,这时北极熊就会像离弦的箭一样冲过去,一掌将海豹打死。如果海豹侥幸逃脱了,北极熊还会跳到水里,从水路堵截海豹。不过,它尽量避免在水中与海豹发生冲突,因为它知道在水中,自己庞大的身躯不是海豹的对手。

冬季,北极熊想找到食物就更要费一番心思了。冬天海豹是不会到陆地上活动的,它们会在冰层下面游泳,但是海豹用肺呼吸,需要换气,所以不会一直待在冰层下面,每隔10~20分钟就得露头。为了捕捉海豹,北极熊会早早地趴在浮冰上守候,把自己扮作一个雪堆,纹丝不动,常常一趴就是几个钟头。怕被海豹发现,它还用手掌把自己的黑鼻子捂起来。冰下的海豹游到冰窟窿附近后,会小心翼翼地把鼻子伸出水面呼吸新鲜空气,此刻北极熊会挥舞爪子将海豹捉住,并且用嘴巴将它拖到冰面上。聪明的海豹为了防止这种情况发生,就在冰面上挖好多个洞,不再固定换气地点,所以北极熊有时也会白等一场,一无所获。

北极熊有时也会白等一场,一无所获

北极熊生性好斗,是唯一主动攻击人类的熊。北极熊的攻击大多发生在夜间,而人类根本不是它的对手。由于北极熊在北极地区没有什么对手,它就这样一直在北极冰原上自在地生活着。

38 地球上最大的鸟

鸟类是一个庞大的家族，它们身体的差异很大。

我们知道，最小的鸟是蜂鸟，像蜜蜂那么小。那么，最大的鸟叫什么名字呢？

鸵鸟！

鸵鸟的身高将近3米，身长有2米，体重60~160千克，一个鸵鸟蛋有1.5千克。雄鸟一般为黑色，翅膀末端和尾羽末端带有白色；雌鸟一般为棕灰色，没有雄鸟颜色亮丽。

鸵鸟广泛地分布在非洲低降雨量的干燥地区。

在新生代第三纪时，鸵鸟广泛分布于欧亚大陆，在我国著名的北京人产地——周口店不仅发现过鸵鸟蛋化石，还发现有腿骨化石。

鸵鸟的头长得不大，上面长着一只又宽又扁的嘴。脖子却很长，几乎占身体的一半，长脖子上光秃秃的，没有毛。体形庞大。翅膀很短，长着两条长长的细腿。鸵鸟的长相实在有点不协调。

动物来了

鸵鸟的脖子很长，几乎占身体的一半

鸵鸟的这种长相并不影响它奔跑活动，两条长腿跑起来比马还快，如果遇到顺风，它张开两只翅膀，借助风力速度如飞。鸵鸟的翅膀已经退化，不能展翅高飞，靠双腿疾走寻找食物，躲避敌人。这双长腿既可以奔跑，又可以防身。

如果敌人过于强大，它也会躲藏起来渡过险关。它会把身子伏在地上，把长长的脖子放平，头藏在翅膀下，身体团起来。有人说鸵鸟是胆小鬼，在自欺欺人。实际上不是的，在炎热的沙漠地带，冷热空气相交，地面上会产生一层闪闪发光的薄气，使人眼花缭乱，鸵鸟突然团起来的行为，会让它的敌人失去追赶目标，鸵鸟就能安然无恙。另外，鸵鸟将头和脖子贴近地面，还有两个作用：一是可以听到远处的声音，判断敌人是否走远，还有没有危险；二是可以放松颈部的肌肉，减轻疲劳。

别看鸵鸟的身体笨重，常年的沙漠荒原生活练就了它奔跑的速度。在半沙漠地带，寻找食物很难，而且没有任何遮挡，完全暴露在荒原上的动物是有危险的，所以鸵鸟常常一路狂

奔。鸵鸟的奔跑速度约每小时60千米,可坚持30分钟而不会感到劳累,一步可达7米,可以灵活地改变方向,这时需要用张开的双翼来保持平衡。

鸵鸟是杂食动物,既吃植物的叶、花、果实、种子等,也吃小动物。鸵鸟啄食时,先将食物聚集于食道上方,形成一个食球后,再缓慢地经过颈部食道将其吞下。为防止敌人袭击,它在觅食时经常要抬起头来四处张望。

鸵鸟平时三五成群,有时二十余只栖息在一起

鸵鸟平时三五成群,有时二十余只栖息在一起。经常与羚羊、斑马在同一地区出没,鸵鸟具有的敏锐眼力可为它们提供警告。

在非洲,有人把鸵鸟养在家中,让它帮助主人做事,而它总是俯首帖耳的,一心一意地帮主人干活。

由于鸵鸟具有耐粗饲、适应性强等特点,我国一些地方也在进行人工养殖。

动物来了

39 "二次入水"的鲸

鲸是海兽中的重要成员,它的体形像鱼,俗称鲸鱼。但是这种叫法并不科学,鲸并不属于鱼类,而是一种哺乳动物。鲸属于脊索动物门,包含了大约98种生活在海洋、河流中的哺乳动物。

鲸并不属于鱼类,而是一种哺乳动物

鲸类的祖先极可能是产于北美、欧洲与亚洲的陆栖有蹄类动物中爪兽科。2019年4月,科学家们在秘鲁发现了4300万年前的鲸化石，它有四条腿、蹼状足和蹄，所以鲸是久居陆地，又返回海洋的子孙。

鲸类动物的"二次入水"事件是哺乳动物进化史中一次罕见的生活史转变，它们的生活习性由陆生转变为完全水生。

鲸的外形巨大，只在吻部有少数毛，有的种类具有背鳍。虽然是哺乳动物，但是它的表面无毛，皮肤光滑，这样游泳时可以将摩擦力减到最小。鲸的前肢变成鳍，后肢已经退化，只在体内存有一对小骨片。它的眼睛小，视力也不好；虽然没有耳廓，但是听觉很灵敏。位于头顶的外鼻孔又叫喷气孔，能够喷水。

鲸的外形巨大，只在吻部有少数毛，有的种类具有背鳍

鲸主要分为两个种类：须鲸和齿鲸。须鲸是有长须的鲸。事实上，这些长须是长在嘴内的折角形齿片，用于过滤水和捕捉食用的虾，这些齿片代替了牙齿。须鲸的种类较少，但体形巨大，世界上最大的动物——蓝鲸就属于须鲸。它们以磷虾和头足类为食，有的也捕食小鱼和底栖贝类；齿鲸就是牙齿非常

锋利的鲸。这类鲸的种类很多，它们凭借着牙齿优势，在海洋上战无不胜，成为海上的真正霸主。这类鲸主要以乌贼、鱿鱼、甲壳类、鱼类为食，比如抹香鲸和虎鲸就是齿鲸。这类鲸的体形差异比较大，最小的种类体长有30厘米左右，最大的抹香鲸体长在20米以上。

鲸是完全水栖的哺乳动物，有的主要靠回声定位寻食避敌。用肺呼吸，每隔一段时间，必须换气。

鲸产仔和捕食不在一个地点，一般冬季从高纬度冷水区游向低纬度热水区产仔，夏季又由低纬度游回高纬度捕食。终身在极度黑暗的大洋深处生活的动物，不得不采用声呐等各种手段来搜寻猎物和防避攻击。它们声呐的性能，是人类现代技术远不能及的。

我们来了解一些特殊的鲸。

体形最大的、最重的鲸是蓝鲸，也是世界上最大的哺乳动物。它的身长有30多米，相当于一架波音-737飞机的长度。

最凶猛的鲸是虎鲸，它竟然以鲨鱼为主食，有时还会吃巨大的蓝鲸。

极有经济价值的是抹香鲸，它的体内可以分泌一种物质，叫作"龙涎香"，是一种名贵的中药。

定期迁徙距离最长的鲸是灰鲸，它能够在一年中沿整条北美洲的海岸线南北洄游一次。

鲸类，尤其是一些大型鲸类的经济价值很高，因此受到大量捕猎，许多鲸类已濒临灭绝。现在许多国家正在采取相应措施对鲸类进行拯救。

40 南极绅士——企鹅

大部分人在电视、电影或报刊上见过企鹅，因为企鹅居住在遥远的南极大陆，一般只有那些勇敢的南极科考队员们才有机会与它们见面。

企鹅的身体肥胖，它的原名是"肥胖的鸟"，但是因为它们经常在岸边伫立远眺，好像在企望着什么，因此人们便把它称为企鹅。

企鹅是一种最古老的游禽，全世界共有18种，它们大多数分布在南半球，其中最大的企鹅是帝企鹅。

企鹅全身密布羽毛，背部黑色，腹部白色。头部小，身子大，脚生于身体最下部，比较短平，到水里会变成"桨"帮助它游泳。我们印象中的企鹅一般都是处于直立的状态，它依靠尾巴和翅膀维持平衡，像一位身穿燕尾服的绅士。但当它挺着雪白的肚子走起路来就不再有"绅士"的模样了，会变得重心不稳，东摇西晃，似乎随时都会跌倒，让人不免担心。如果遇到紧急情况，企鹅还能迅速卧倒，舒展两翅，在冰雪上匍匐前进。另外，它还会利用趾间的蹼，用脚掌着地，在斜面上，以尾和翅掌握方向迅速滑行。

企鹅游泳的速度十分惊人，成年企鹅的游泳时速为20~30千米，比巨轮的速度还要快，甚至可以超过速度最快的捕鲸船。

企鹅跳水的本领很高超

企鹅跳水的本领很高超，它能跳出水面2米多高，并能从冰山或冰上腾空而起，跃入水中，潜入水底。另外，企鹅有惊人的眼力，它能够在毫无标记的雪原上走很久，并找回自己的家，它能在极夜的黑暗或半黑暗的状态里从成千上万只企鹅中寻找到自己的伴侣和孩子，而且从不会出错。

企鹅是最不怕冷的鸟，因为它的皮下脂肪有2~3厘米厚，这种特殊的保温结构使它在-60 ℃的冰天雪地中仍然能够自在生活。另外，它的羽毛短，羽毛间存留一层空气，用以隔热。经过多年南极的风暴洗礼，它全身的羽毛已进化成重叠、紧密连接的鳞片状，这种特殊的羽衣完全可以抵御南极的严寒。

企鹅喜欢群栖，一群有几百只、几千只或上万只，最多时有几十万只。它们经常排着整齐的队伍，面朝一个方向运动，好像一支训练有素的仪仗队，在等待和欢迎远方来客；有时它们列成距离、间隔相等的方队，如同团体操表演的运动员，阵势十分整齐壮观。在南大洋的冰山和浮冰上，人们可以看到成群结队的企鹅聚集的盛况。

企鹅喜欢群栖，一群有几百只、几千只或上万只，最多时有几十万只

企鹅以海洋浮游动物，主要是南极磷虾为食，有时也捕食一些腕足类、乌贼和小鱼。

企鹅最可怕的敌人就是海豹了，一只豹斑海豹一天可吃超过15只企鹅，但它通常是捕捉较弱或生病的企鹅。

大贼鸥和南极大鞑会伺机残害未受保护的企鹅宝宝。海狮、海豹、虎鲸等也会对企鹅产生威胁。因此企鹅需要时刻警惕，好在它们非常团结，对待敌人往往会"群起而攻之"。

41 可可西里的藏羚羊

藏羚羊又叫羚羊、长角羊，雄羊的头顶长有一对特殊的长角，其角形特殊，有20多个明显的横棱，形似一条长鞭，且乌黑发亮，非常漂亮。角向上与头顶几乎垂直，仅光滑的角尖稍微有一点向内倾斜。角的长度一般为60厘米左右，最长的纪录是72.4厘米。因为两只角长得十分对称，由侧面远远望去，好像只有一只角，所以它又被称为"独角兽"或"一角兽"。

藏羚羊

藏羚羊全身的毛浓密，毛形很直，腹部、四肢内侧为白色，雄性藏羚羊的面部和四肢的前缘为黑色或黑褐色。藏羚羊的寿命最长有13年左右。

藏羚羊被称为"可可西里的骄傲"，是我国特有的物种，列入国家一级保护动物，是世界级的濒危动物。它生活在青藏高原的广袤地域内，栖息在高原、荒漠、冰原、冻土、湖泊、沼泽地带。藏羚羊喜欢在有水源的草滩上活动。它适应高寒气候，它的绒毛轻软、弹性好，保暖性极强，被称为羊绒之王，因其昂贵的身价被称为"软黄金"。

藏羚羊喜欢在有水源的草滩上活动

藏羚羊善于奔跑和跳跃，是现存世界上跑得较快的动物之一，平均时速可达90千米，即使是处在妊娠期快要生产的雌性藏羚羊也能快速奔跑。

青海可可西里以及新疆阿尔金山一带是令人望而生畏的生

命禁区,那里植被稀疏,只能生长针茅草、苔藓和地衣之类的低等植物,而这些植物是藏羚羊的美味佳肴。

藏羚羊生存的地区东西相隔约1600千米,季节性迁徙是它们重要的生态特征。夏季,雌性藏羚羊带着它们的雌性后代沿固定路线向北迁徙,产仔之后返回越冬地与雄性藏羚羊合群。它们以卓乃湖为集中产羔地,不惧路途遥远,每年都义无反顾地奔走在可可西里的荒原上,给寂寥的荒原带来了生气。

藏羚羊不仅体型优美,四肢强健而匀称,动作敏捷,而且耐高寒,抗缺氧。

藏羚羊生性怯懦,它们的听觉和视觉发达,常出没在人迹罕至的地方,极难接近。它们常把自己隐藏在岩穴中,或者在较为平坦的地方挖掘一个小浅坑,将整个身子匿伏于其内,只露出头部,这样既可以躲避风沙,又可以躲避敌害。当狼突然逼近的时候,一般情况下藏羚羊群体不会四散奔逃,而是聚在一起,低着头,以长角为武器与狼对峙,这种办法常常使得狼无从下手,只能作罢。

脱离了狼的威胁,藏羚羊却没有摆脱人的偷猎。1986年,在西藏、新疆、青海的藏羚羊栖息地,平均每平方千米有3~5头藏羚羊;到20世纪90年代初,对应的数据不足一头。近年来,藏羚羊已濒临灭绝,然而偷猎者的枪声仍然不时作响。

为了保护藏羚羊和其他青藏高原特有的珍稀动物,我国于1983年成立了阿尔金山国家级自然保护区;1992年成立五湖自然保护区;1995年成立可可西里省级自然保护区,1997年底上升为国家级自然保护区;2000年成立三江源自然保护区。

42 老寿星——海龟

海龟是一种古老的动物,早在2亿多年前它就是地球上的居民了,所以它是有名的"活化石"。海龟也是海洋中最长寿的动物,据《吉尼斯世界纪录大全》记载,它的寿命最长可达152年,是动物界的"老寿星"。

目前世界上有8种海龟,绿海龟是体形较大的一种硬壳海龟,在我国也是数量最多的一类。绿海龟的"绿"指的并不是它们的体色,而是它们特有的绿色脂肪。

海龟的外面背着扁圆形的甲壳,只有头和四肢露在壳外

海龟的外面背着扁圆形的甲壳，只有头和四肢露在壳外。腹甲是白色或黄白色的，背甲颜色有多种。

成龟的性别很容易辨认，尾巴的长短是辨别性别的主要特征。一般而言，雄性海龟的尾巴要比雌性海龟的长很多。海龟会在近岸的浅水区域选择有海草或大型藻类丰盛的地方定居，以海中植物为主食。

它在近海的上层活动，到20~30岁才发育成熟，每当繁殖季节到来的时候，便成群结队地返回自己的故乡，不管路途多么遥远，它们也能找到自己的出生地，并把卵产在那里，这是海龟特有的生活习性。它是如何找到出生地的呢？说法不一，有人说是根据海水温度、洋流方向，也有人说是根据嗅觉。不论依靠的是什么，最后它们都要回到出生地产卵，如果出生地的环境被破坏，有的海龟可能终生不育，还有一部分海龟只得去寻找新的产卵地。

找到产卵地后，海龟们会在夜晚一个接一个地从海中悄悄爬上海滩，然后用后肢挖一个宽约20厘米、深约50厘米的坑，产下白色的乒乓球大小的卵，有时要分几次才能将卵产完，产卵后它们便用沙将洞口堵住。这些卵全靠自然温度孵化，一般要50天左右。温度的高低决定了海龟的性别，温度高时孵出的是雌性海龟，温度低时孵出的是雄性海龟。

海龟的产卵数量最多时有200个左右，最少的也有90个以上，虽然卵的数量比较多，但是成活率比较低。小海龟出壳后，要自己先从沙坑里钻出，然后奔向大海，然而从沙坑到海边对小海龟来说充满了危险。有的小海龟跌入沙坑中，就再也

爬不出来；有的被天空中的海鸟当成美食吃掉；有的因阻隔没有找到去大海的路，被晒死在沙滩上，最后能顺利到达海洋的只是一部分，进入海洋后还得避开水中食肉动物的"追杀"，所以存活下来的才是真正的幸运者，它们将在海中生长发育，开始传承、繁衍的新循环，可是能活到成年的海龟只有千分之一。

小海龟出壳后，要自己先从沙坑里钻出，然后奔向大海

我国政府对海龟的保护历来十分重视，1985年5月在广东省惠东县的海龟湾建立了一个海龟自然保护区，并将海龟列为国家二级保护动物。

虽然海龟是长寿之物，但是人的捕杀已使这个物种的平均寿命降至最低点，百年龟龄的海龟极其稀少。

动物来了

43 变色龙——避役

说起变色龙,我们就会想起契诃夫的同名小说中那个见风使舵、不断变换个人观点的讨厌家伙。生活中真有类似的人,在动物界中也真有变色龙这种动物。

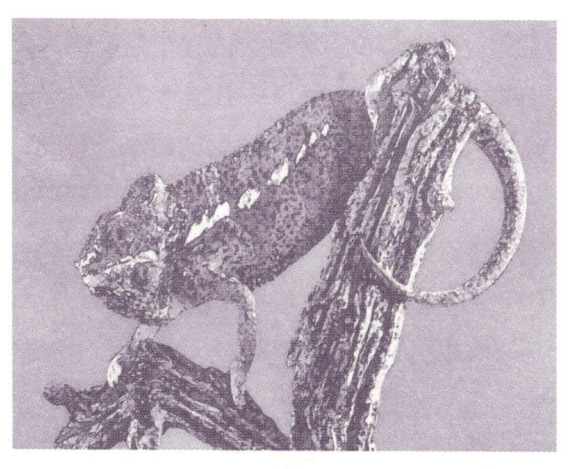

避役

变色龙的学名叫避役,是一种可以变化体色、喜欢生活在树上的爬行动物,是蜥蜴的一种。它们主要分布在非洲地区,

少数分布在亚洲和欧洲南部,非洲马达加斯加岛是它们的天堂。

它的体长有15~25厘米,身体侧扁,背部有脊椎,头上的枕部有钝三角形突起。四肢很长,手指、脚趾都分开。它的爪子很有趣,三指向里,两指向外,脚趾却是两趾向里,三趾向外,指和趾合并分为相对的两组,以便能灵活地捏住东西。

避役善于随环境变化随时改变身体的颜色,这种变色现象与其他生物的保护色、警戒色是一样的。它能在24小时内变化出六七种颜色。大多数避役有三层皮肤,分别有红、黄、蓝三原色和黑色四种细胞,理论上可以变成所有颜色,但大多数避役只会本能地改变成它常用的几种颜色。

变色为的是让其他动物注目,如同发出警告,但是有时只当作隐身衣,所以变色过程中似乎有两种策略:一种是恐吓,另一种是隐遁。雄性避役会将暗黑的保护色变成明亮的颜色,以警告其他同类这是自己的领地;当雌性避役遇到自己不中意的追求者时,它会把颜色变暗用来表示拒绝;为了逃避天敌的侵犯,有些避役会将平静时的绿色变成红色来威吓敌人,然后一动不动地将自己融入周围的环境。所以变色既有利于隐藏自己,又有利于捕捉猎物,有时还能表达情绪。

关于避役变色的原因,有两种说法:一种说法是在植物性神经系统的调控下,通过皮肤里色素细胞的扩张或收缩完成变色;另一种说法是避役不是靠色素细胞变色,而是靠调节皮肤表面的纳米晶体,通过改变光的折射而变色。

除能够变色之外,避役身上还有许多特殊的地方,比如它的舌头和眼睛就与众不同。

避役有非常长且灵敏的舌头，伸出来的长度超过它的体长。人们一直认为它的舌尖上有能够分泌黏液的腺体，可以粘住昆虫，但是事实上，避役捕获食物时主要依靠的是舌尖产生的强大吸力。

眼睑很厚，呈环形，两只眼球非常突出

它的一双眼睛也十分奇特，眼睑很厚，呈环形，两只眼球非常突出，上下左右转动自如。特别的是，它的左右眼可以各自单独活动，不是协调一致的，这种现象在动物中很罕见。双眼各自分工，可以一只看前面，一只看后面，既有利于捕食，又能及时发现敌害。看到食物时，避役会用两只眼睛分别对光，先左眼后右眼，对准之后，伸出长舌闪电般地出击，全程只需1/25秒。

44 群体生活的蚂蚁

蚂蚁又称玄驹、蚍蜉、状元子，是人们常见的一种昆虫。世界上有9000多种，种类繁多，数量众多，分布广泛。它们在恐龙时代就已经出现了，是地球上的早期居民。

蚂蚁的身体细长，分为头部、胸部和腹部三部分

蚂蚁的身体细长，分为头部、胸部和腹部三部分，有黑色、黄色、红色、白色等多种颜色，黑色比较常见。有六条腿、两根触角；上颚发达；有的有翅膀，有的没有翅膀。

蚂蚁是群居动物,最小的群体中只有几十只或近百只的成员,也有几千只的,大的群体中成员数量可以有几万只,甚至更多。离群索居的蚂蚁几乎会孤独而死,只有蚁群达到一定程度,它们才会恢复生命活力。所以我们看到的蚂蚁往往都是一个个群体,群体中的蚂蚁总是分工有序、各司其职。

一个群体之中有蚁后、雄蚁、工蚁和兵蚁,不仅它们的形态各异,而且分工明确。蚁后是雌蚁,它们的体形最大,腹部很大,主要负责繁殖后代和管理大家庭。雄蚁的个头不大,有细长的触角,它们的职责是让蚁后产下后代。工蚁是那些没有翅膀的雌性个体,它们的个头最小,而且不能生育,但是数量多,善于奔走,主要负责建造和扩大巢穴、觅食,当然还有照顾蚁后和幼蚁。兵蚁是某些蚂蚁种类的大工蚁,它们自然是承担战斗和保卫任务。整个大家庭秩序井然,团结和睦。

整个大家庭秩序井然,团结和睦

蚂蚁还是出色的建筑师,能建造非常复杂的巢穴。蚂蚁的家很大,它们造房子的时候,考虑得非常周到,选址讲究,还会考虑到排水和通风因素。它们的家造得非常隐秘，它们会把挖出的土运到很远，原地不留一点痕迹，在外观上我们无法看出那是一个蚁巢。这些工作都是由工蚁来完成。它们负责建造，也会及时维护，如果巢内缺水了，工蚁们就马上去找水源，将水滴抬回来，放在洞内；如果雨后，巢内怕淹，它们就自觉地把水抬出去。

蚁后常年待在房子里面产卵，住在最宽敞、舒适的地方，如果需要搬家，不用自己动手，工蚁会在另一处提前帮它建好房子。

蚂蚁有非常发达的嗅觉，不过它闻东西不是靠鼻子，而是靠触角。它的触角中有小孔，孔中有灵敏的嗅觉细胞。

蚂蚁的腹部能分泌一种奇妙的化学物质，这种物质具有特定的气味。蚂蚁们用这种分泌物来标记自己走过的路线，如果发现了食物，就先在食物上留下这种气味，然后沿原路返回去找同伴帮忙。蚂蚁们就是靠着这种气味找到食物，并顺利地把食物搬回家。

蚂蚁的交流方式也很特殊，它们靠触角之间的触碰进行沟通和交流。

另外，蚂蚁还是出了名的大力士，虽然它身体瘦小，可是称一下蚂蚁的体重和它所搬运物体的重量，你就会感到十分惊讶！它所举起的重量，竟超过它的体重差不多有100倍。世界上从来没有一个人能够举起超过他本身体重3倍的重量，从这个意义上说，蚂蚁的力气比人的力气大得多了。

蚂蚁很可爱吧！

动物来了

45 自尊心极强的藏獒

藏獒又叫西藏獒、獒犬、番狗、龙狗。它像狮又非狮,似虎又非虎,是一种威风神勇的犬类。

藏獒产于我国的西藏和青海,有人认为这种犬是所有大型山地犬和马斯提夫品种犬的祖先。它是喜马拉雅山的游牧民族工作用的犬类,也是西藏僧侣常用的护卫犬。在农奴社会里,只有国王和寺庙住持才有权利和资格饲养。欧洲一些著名的旅行家和犬类学家很早就注意到了这个犬种,都曾对西藏獒犬做过记载。

藏獒身材高大,体格健壮,外观庄严,有"东方神犬"的美誉。它的体毛颜色以黑色、黄色居多,还有灰色、白色等。一只纯种成年藏獒重50~60千克,长1米以上。它强劲凶猛,肌肉发达,浑身长着粗硬丰厚的长毛。它的头长得大而圆;鼻子宽大,鼻孔开阔;眼睛不大不小,一般与体毛颜色一致;颈部肌肉发达,覆盖着长毛;双腿强壮有力,善于奔跑。

藏獒力大如虎,凶狠善斗,是世界上唯一不惧猛兽的犬类。据说它可以斗败三只凶猛的野狼。它野性十足,使人望而

生畏。

藏獒善于攻击，警惕性高，尤其对陌生人总是抱有敌意，但对主人极为亲热和忠诚，所以它是守护领地和食物的忠实犬类。同时，它也是牧羊人的好帮手。藏獒只要在主人的牵引下，绕领地边界走过一次，就能准确地辨识出自家的地界，然后忠心耿耿地进入保护者的角色。

藏獒善于攻击，警惕性高

藏獒的领地性行为表现在不容许外人或陌生人、外面的犬和家畜进入主人的草场，这种本能行为在单独圈养时才得以表现。如果同时有多只犬，那就必须有头领带着才能起到保护作用。

犬群中最受尊重的是年纪最大的雌犬，但是体能、秉性等都可以决定藏獒的受尊重程度。性情凶猛、体质强健的藏獒多可排位在前。它们多被主人宠爱，可以优先取食。

藏獒因为生活地区不同，在外观上也有差别，目前品相最好的上品藏獒出于西藏的河曲地区，这种藏獒有典型的喜马拉雅山地犬的原始特征，茂密的鬃毛像非洲雄狮一样，非常有王者的气质。藏獒长期生活在高原环境中，它们耐寒、怕热，低温对它的生活没有影响，它在-40℃的冰雪中仍然能安然入睡。

茂密的鬃毛像非洲雄狮一样，非常有王者的气质

有些人把藏獒当作宠物，喂食一些五谷杂粮和熟肉，一定程度上改变了藏獒的野性。

藏獒的喝水习性很特别。一般情况下，我们人类在夏季喝水多而在冬季喝水少，藏獒则相反，它往往会在比较冷的天气喝大量的水。

藏獒的自尊心极强，如果失宠或被误罚，它会觉得生不如死，所以主人可以训斥它，但不要轻易动手打它，否则它会和主人闹别扭。

46 暴饮暴食的蟒蛇

蟒蛇常栖息于热带和亚热带的丛林中,是一种比较原始的蛇。蟒蛇属无毒蛇类,体形粗大。它的身体上有鳞片,比较光滑。它的头很小,尾巴短而粗,可用来缠绕和攻击猎物。

在丛林中,蟒蛇常常把自己缠在树上

在丛林中,蟒蛇常常把自己缠在树上,出奇不易地攻击树上的一些动物。据说世界上40%的人都害怕蛇类,猴子见到蛇的反应和人是一样的,就是因为人类祖先被蛇类吓到过。当然蟒蛇不是一天到晚都待在树上,它有时也会潜在水里,而且它还是游泳能手。

蟒蛇是变温动物,它对温度的变化非常敏感。它喜欢温暖或炎热的天气,25~35 ℃是最适宜它生活的温度。当温度低于且接近25 ℃时它就会很少活动;到15 ℃左右时,它就会因温度降低而变得麻木;下降到5 ℃时,它就会被冻死。另外,如果在强光下暴晒时间过长,它也活不了。

和其他蛇一样,蟒蛇也有冬眠的习性。冬天还没到的时候,它就先爬进洞里冬眠了,这时它的体温也随之变得很低。一般情况下,冬眠的时间有四五个月,它会在春天的时候苏醒过来。

蟒蛇主要以鸟类、蛇类、爬行动物和两栖动物为食,有时也会跑到村舍或农田找食物。它常常在白天睡觉,夜间出去捕食。捕捉猎物时,它经常先用身体把猎物缠个半死,然后一口吞下。它的消化能力非常强,除了兽毛不能消化之外,其他都能消化掉。它饱餐一顿后,可以很长时间不再进食,是典型的暴饮暴食者。

蟒蛇有时能够吃掉和自己身体相同大小或者比自己身体还大的食物。有报道称,在被解剖的蟒蛇体内竟然有一头小猪。蟒蛇是如何吞进去的呢?原来蟒蛇的下颌构造与其他动物不同。动物的下颌骨一般是通过骨关节连接,所以它们的咬合动作被限制在一个不大的范围之内。蛇的上下颌却不是"硬连接",而是靠韧带十分松弛地连接在一起,这样就等于扩大了口腔。

还有一点比较特殊，蟒蛇有两个肺，其他蛇类只有一个肺或者有一个退化的肺。

蟒蛇是卵生动物

蟒蛇是卵生动物，孵卵时雌性把身体盘在鸭蛋大小的蛇卵上，不再进食，经过60天左右，小蟒蛇才能孵化出来，这个阶段它的攻击性很强。小蟒蛇要经过两到三年才能发育成熟。

蟒蛇皮具有极高的商业价值，可用于制作乐器中的琴膜或鼓皮，也可用来加工成皮鞋和包，因此出现较多的贩卖、走私蟒蛇皮而从中牟取暴利的现象。

蟒蛇栖息地不断减少，野外残存的数量已经非常稀少。现在蟒蛇皮采制依靠人工养殖。

蟒蛇本来在东南亚分布最广，但是现在在越南、老挝、柬埔寨等地几乎看不见蟒蛇的身影。现在我国将蟒蛇列为国家一级保护动物，禁止猎杀和买卖。

47 脾气不太好的犀牛

犀牛是哺乳类犀科的总称,是世界上最大的奇蹄目动物,也是陆地上仅次于大象的第二大哺乳动物。非洲有黑犀牛和白犀牛两种;亚洲有撒马利亚犀牛、爪哇犀牛和印度犀牛三种。前三类有双角,后两类是单角,颜色有黑色、褐色、黑褐色和灰白色。大部分分布于亚洲南部、东南亚和非洲撒哈拉以南的地区。

犀牛体形肥大,动作笨拙。它的样子非常丑陋,脑袋又大又长,眼睛非常小,生在头的两侧,鼻子上面还有单只或双只的角。短粗的四肢结实有力,全身的皮很厚,还有一些褶皱。别看它身体笨重,跑起来却很灵活。

犀牛的脾气不太好,尤其是黑犀牛,它们白天几乎都在睡觉,很怕打扰,所以如果遇到打扰者,它就会非常生气,还会进行攻击。

犀牛或独居或小群居。雄性犀牛一般独居,雌性犀牛一般带着小犀牛生活,但是往往只带一只,小犀牛对犀牛妈妈很依恋,会一直跟着妈妈。但是当犀牛妈妈快要生产时,就会毫不留情地赶走身边的小犀牛,让它独立生活。

雌性犀牛一般带着小犀牛生活

犀牛常常选择在森林的大树下或丛林中间的阴凉处作为栖息地。如果选择了多石的区域，它会找一块岩石高处来居住，虽然它的身体笨重，可是它会爬高。它经常会伸直身体躺着，等待牛椋鸟帮它清理皮上褶皱里面的寄生虫。牛椋鸟与犀牛是共生关系。

雄性犀牛常用粪便标记自己的领地，它们会把十多平方千米的领地划为己有，不允许其他犀牛进入，但一般允许雌性犀牛和幼子通过。处于交配期的犀牛非常危险，它们经常会攻击敌人，包括人类。尤其是黑犀牛对气味和声音都非常敏感，会主动发起攻击。黑犀牛的奔跑速度很快，每小时可达45千米。

水对犀牛非常重要。晚上，太阳落山前，它会起来寻找有水的地方。犀牛来到水边便会发现一些同伴，大家跳进水里游水嬉戏，发出很大的声响，然后舒服地打滚儿、抹泥或者找一棵树擦干它多褶皱的皮。据说这也是一种赶走身上寄生虫的方

法。犀牛的身体庞大,穿过丛林就等于开辟了一条道路,这时候人们千万不要贪图方便,跟着行走,因为犀牛会按原路返回。

水对犀牛非常重要

犀牛身上的犀牛角非常珍贵,在东亚的一些国家,人们把它制成药品。阿拉伯国家有些地方还把犀牛角当作身份的象征,因此犀牛成了大家争夺的焦点。在整个20世纪80年代,许多盗猎者为了利益不择手段,导致黑犀牛的数量锐减。

近些年来,犀牛的数量在急剧减少,有两类几乎灭绝,三种濒危。希望这种动物不要从人们的视线中消失。

48 可怕的蚊子

蚊子属"四害"之一,是昆虫纲双翅目蚊科中的纤小飞虫。跟一般昆虫一样,它的身体分为头部、胸部和腹部三部分。蚊子是多细胞生物,大小随种类不同,大部分小于15毫米,身体和脚都是细长的。除南极洲外,各大陆都有蚊子分布。

它的身体分为头部、胸部和腹部三部分

通常雌性个体将血液作为食物。雌蚊和雄蚊的食性并不相同,雄蚊"吃素",专以植物的花蜜和果子、茎、叶里的液汁为食。雌蚊偶尔也尝尝植物的液汁，不过雌蚊必须吸血才能使其卵巢发育，繁衍后代，所以雌蚊都是"吸血鬼"。

在蚊子中，最可恶的要算吸人血的蚊子。它们常常在夜晚来到人们身边，不仅吸食人血，还发出讨厌的"嗡嗡"声，这种声音有两种来源，比较深沉的声音是由于翅膀快速振动而发出的，速度可以快到每分钟几百次，而比较尖锐的声音只有雌蚊才有，由身体前端呼吸管而来，管口收缩时，膜在那里振动。

被蚊子吸血后，皮肤上往往会留下一个红肿的包，而且有时会痒。为什么被蚊子叮过后会有这样的症状？因为蚊子会把含有抗凝血剂、消化酶、蚁酸以及多种未知蛋白质的唾液注入人体，这样血液就不会凝结，人体也不会感受到明显的痛感，这样蚊子就能"愉快"地吸血了。在蚊子吸血的过程中，人们可能毫无感觉。而注入人体的物质会引起免疫系统反应，免疫系统会想办法清除这些外来物质，在这个过程中会释放一种叫组织胺的物质，它能让毛细血管扩张，并增加血管管壁的通透性，让细胞之间充满液体，表现在人体上就是被叮咬的地方起大包，且又红又痒。

蚊子传播疾病的方式大致有两种，为生物性传播和机械性传播。生物性传播是指病原体在蚊子体内经历了发育增殖的阶段，再传染给人，比如乙型脑炎病毒。那么，蚊子会不会传染艾滋病呢？艾滋病病毒在蚊子体内既不发育也不增殖，所以是机械性的传播方式。吸血前，先由唾液管吐出唾液，然后由另一条管道——食管吸入血液，血液的吸入是单向的，吸入的不会再由食管吐出。有些人担心蚊子口器上残留的血液可能带有

艾滋病病毒，会传染给他人，但经研究发现，蚊子口器上的残血量非常低，叮咬上千次才能带有足量引起感染的病毒，而且蚊子一旦吸饱血后，不会马上再去叮咬人类，因此无论从哪条途径，可以说蚊子传播艾滋病的可能性是不存在的。

一般情况下，每年4月蚊子开始出现，至8月中下旬达到活动高峰。秋天，气温下降到10 ℃以下时，蚊子就会大量死亡，只有极少的个体存活，它们在天气转暖的时候又开始繁殖。

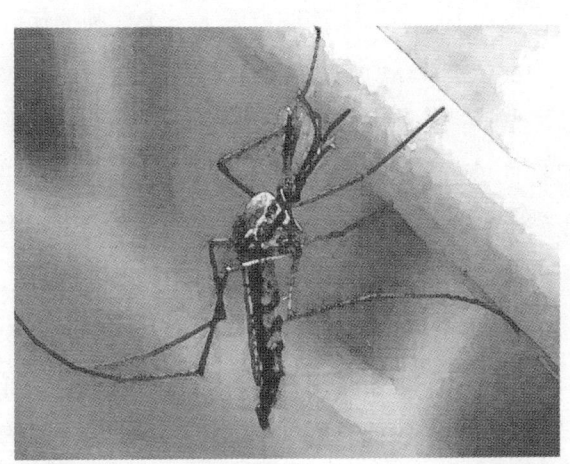

多种传染病是由蚊子传染给人类的，尤其在热带地区

多种传染病是由蚊子传染给人类的，尤其在热带地区。吸血的雌蚊是登革热、疟疾、黄热病、丝虫病、日本脑炎等疾病的传播者。

动物来了

49 最大的老虎——东北虎

地球上现存五个虎种，分别是东北虎、华南虎、孟加拉虎、南亚虎和苏南虎，其中最大的是东北虎。

东北虎是世界上稀有的珍贵动物，是现存体重最大的肉食性猫科动物，主要分布在我国东北部和俄罗斯的西伯利亚地区。它是世界濒危物种，据调查，我国野生东北虎已经不足20只。

东北虎是世界上稀有的珍贵动物

东北虎个头高大，身躯健壮，威风凛凛。一般成年虎身长

1.5~2.5米，尾巴的长度可超过1米。它的头圆圆的，耳朵短，四肢粗壮，能攀爬，会游泳。毛色深浅不同，背上的毛金黄色，腹部的毛白色，周身布满黑色斑纹。在夏天毛色深，冬天会变淡一些，额头上的花纹形似"王"字，不怒自威，因此有"兽中之王"的称号。

在我国，东北虎主要生活在长白山和兴安岭一带，它是典型的山地林栖动物，常常出没在易于捕食的林间、灌木丛和岩石较多的地方。

东北虎不是群居动物，也没有固定的洞穴居住，经常是昼伏夜出，自己出门游荡。它的活动区域很广，可达100平方千米。

东北虎是食肉动物，性情凶猛。它常常以鹿、狍子、野猪等为食，它最喜欢吃野猪，可是没有野猪跑得快，所以只能智取。它发现野猪后就偷偷地跟在后面，野猪到哪里，它就跟到哪里，然后乘其不备，突然猛扑过去，把野猪变成了自己的口中餐。因为它一直紧跟在野猪后面的样子，人们还送了一个"猪倌"的称号给它。

东北虎在长白山所有的动物中，是最凶猛、最厉害的，其他动物都怕它，对它避而远之，都害怕变成它的腹中之物。这可能就是人们所说的它的"毒"吧！不过，"虎毒不食子"却是真的。人们可以看到母虎对虎崽还是关心备至的，母虎在照顾幼崽时非常细心，如果外出觅食，它会先把幼崽藏起来，而且为避免有人跟踪，它回来时会选择走另外一条路线，不管是否绕了远路。母虎会陪伴幼崽生活2~3年。

动物来了

母虎在照顾幼崽时非常细心,如果外出觅食,它会先把幼崽藏起来

东北虎如今面临着灭绝的危险。近年来,各地人们都采取措施进行拯救。我国在2001年就成立了吉林珲春东北虎自然保护区,三年后升级为国家级自然保护区。

东北虎数量稀少,且行踪隐秘,野外调查和研究都非常困难。科学家们克服很多困难,利用先进的技术,对多只野生东北虎进行追踪,从而获取大量珍贵的野外资料,有力推动了东北虎保护事业的发展。

东北三江大地上的人们非常钦佩和喜爱东北虎身上的王者风范,所以吉林人民把自己心爱的篮球队以"东北虎"来命名。

50 长牙和长鼻子的大象

大象是地球上最大的陆生哺乳动物，它的祖先在几千万年前就出现在地球上。

目前大象有一科两属三种，一种是印度象（也叫亚洲象），另一种是非洲象。非洲象又有两种，分别是普通非洲象（也叫热带草原象或灌木象）和非洲森林象。分布在非洲撒哈拉沙漠以南、南亚、东南亚以及中国南部边境的热带及亚热带地区，一般以家庭为单位生活。

无论是亚洲象还是非洲象，它们的身形、体重都远大于其他陆地动物。除此之外，它们与其他动物的不同之处主要体现在两个部位，即牙齿和鼻子。

大象有长牙。幼象的门齿脱落后，代之而起的是长牙，长牙终生在长。雄性的长牙会长到极大，雌性的较小且略直。长牙是由有弹性的齿质形成的，仅有的一些珐琅质不久就被磨去，齿质即商业上宝贵的象牙。大象的长牙有一米多，但长牙不是用来咀嚼食物的，它既可以掘起植物的根，也可以用来刺杀敌害，还可以协助长鼻子卷起重物。每次大象用它的长牙时都会很小心,害怕被折断。

大象的长牙比较特殊,但长牙不具有唯一性,因为有极少数其他动物也有长牙。大象的鼻子却是独一无二的,是它身体最突出的特征。

大象的鼻子却是独一无二的,是它身体最突出的特征

大象的鼻子与上唇连在一起,是一条长而直的管子。象鼻由4万多条肌纤维一圈一圈构成,一直下垂到地面,可以摆来摆去;表面光滑,非常有弹性;鼻子顶端有一个像手指一样的突起,这部分集中了丰富的神经细胞,使得象鼻的感觉异常灵敏,能随意转动和弯曲,像人手一样。

大象时常竖起长鼻子,它能够嗅到几百米以外甚至更远处的味道,还能够用长鼻子判断是否有危险,如果发现危险,它就会马上采取措施。它还能用鼻子判断食物是否好吃。它伸长鼻子能轻而易举地把树上的果子和枝叶掠下来,再卷起鼻子送到嘴里,若是它想吃地上的草,也会先用鼻子连根拔起,再用鼻子在腿上拍掉泥土后送到嘴里。动物园中训练有素的大象能

用鼻子搬重物、拔钉子、解绳子，甚至能捡起地上的绣花针。

大象用鼻子吸水。它口渴时就把鼻子插进河里，像抽水机一样把水抽进去，不过不用担心，它不会把水吸到肺里，而是通过食道上方的软骨移动把水吸到食管里，而不是气管里。在炎热的夏天，大象先用鼻子吸水再往身体上洒水给自己降温，还可以用鼻子给自己身上涂泥巴或沙子，从而防止蚊虫叮咬。

鼻子也是大象自卫的有力武器，在对付那些身单力薄的野兽时，它就会动用长鼻子先进行抽打，然后用鼻子把敌人卷起来抛向高空，结果是有侵犯意图的动物被它摔个半死。因此老虎也是不敢随便挑战大象的。

大象的鼻子还可以用来交流感情

另外，大象的鼻子还可以用来交流感情。有时，两只大象还能像人类握手一样，用互相缠绕鼻子的方式来传达感情。雌象和雄象之间可以用鼻子交流表示好感。

大象的长牙和长鼻子都是很有趣的。

51 动物逃生有趣多多

生活在自然界中的动物都处于不同的食物链中,不论是哪一级,总有天敌威胁着它的生存。大自然中的生物遵循着"适者生存"的原则,许多动物在生存竞争中练就了独特的逃生方法。

当敌害临近,有些动物会装作失去生命体征来迷惑敌人,从而保全自己,避免自己成为敌害的腹中餐,这种装死的方法对只喜欢吃活物的食肉动物很有效果。一条草蛇趴在地上,张着血盆大口,一只弗吉尼亚的负鼠就倒在它的旁边,负鼠四脚朝天、两眼直瞪、嘴巴半露,就像死了一样。草蛇不管怎么碰它,负鼠都是一动不动,几个小时后,草蛇只好放弃离开,而这只"死掉"的负鼠马上"复活",然后飞快地逃走了。除了负鼠,金龟子和瓢虫,包括一些蛇类也是如此。

有些动物因为身体里含有特殊物质,颜色会发生变化,当敌人到来时,它们会变得和原来不同,让敌害不知所措,借以逃生。比如变色龙,当它碰到比自己个头大的同类或蛇、鹰的时候,会将平静时的绿色变成红色来威吓敌人,在敌人"目瞪口呆"的时候,它便趁机溜走。比目鱼也能随时改变身体颜色

以躲避敌害,当它躺在水底的淤泥上时,背部会出现与淤泥一样的细密黑点;当它游动在海草丛中时,其体色又会变得与海草极为相似,这样敌害不易发现它。

有些动物的肢体有很强的再生能力,遇到敌害时,它们就会放弃身体的一部分从而迷惑敌人。比如海参,当有敌人侵害时,警觉的海参会迅速地把体内的"五脏六腑"一股脑喷射出来,让对方美餐一顿,自身则借助反冲力逃脱。经过一段时间的自身修复,海参又会重新长出一副新的内脏。壁虎碰到敌害时,它会主动断掉尾巴给对方,自己趁机跑掉,而它的尾巴过一段时间还会再长出来。此外,海星断腕、螃蟹断脚等都是相同的道理。

有些动物本身含有让人迷惑的液体和难闻的气味。乌贼内有一个墨囊,里面储存着能分泌天然墨汁的墨腺。它平时喜欢漂浮在海面上,遇到敌害或危急情况时,墨囊收缩射出墨汁,霎时,海水中"乌烟"滚滚,一片漆黑,自己趁机逃之夭夭。章鱼也是靠放墨汁来逃命的。黄鼠狼有一种独特的"化学武器"——臭屁。当猎狗紧紧追捕而接近屁股时,黄鼠狼就释放出非常难闻的臭

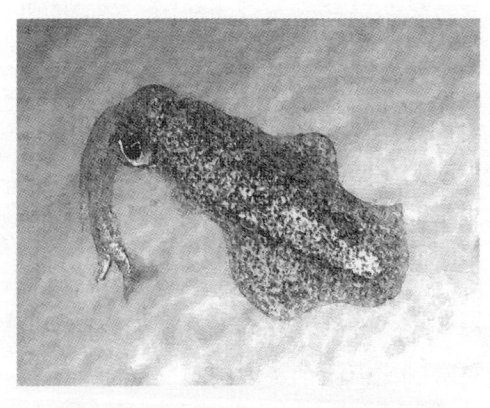

墨囊里面储存着能分泌天然墨汁的墨腺

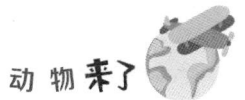

屁，当猎狗被这突然的袭击弄得晕头转向时，它便乘机逃脱。

黄鼠狼有一种独特的"化学武器"——臭屁

有些动物会靠变换身体的形状来迷惑敌人，从而让敌人远离自己。刺猬碰到有动物要伤害它时，它便马上把自己团成一个带刺的圆球，让敌人无从下口。鸵鸟也有这样的本事，它遇到敌人时，会把头埋在沙土里，敌人也只能看到一个球形物体。当它们回过身还在疑惑鸵鸟去了哪里时，鸵鸟已经抬起头张开双翅跑远了。

上面介绍的几种方法都是动物经常使用的逃生方法，还有一些比如放电、大吼等方法，也能让动物们摆脱危险，保存性命。我们从中可以看到动物们的智慧和感受到它们珍惜生命的精神。

52 保护动物就是保护我们自己

在地球诞生的46亿年中，许多种类的动物都比人类出现得早，人类是动物进化的最高级阶段，从这个意义上说，没有动物就不可能有人类。同时，古代类人猿进化成人类以后，人类生活所需要的一切都直接或间接地与动物有关，离开了动物，人类无法很好地生存。人类的衣食住行处处都离不开动物的贡献。

动物给人类提供了丰富的食物。人类的生活离不开蛋白质，我们每天喝的奶，吃的蛋类，还有平时餐桌上的肉类、海产品，都是动物直接提供给我们的。离开动物，我们的食物结构就谈不上营养丰富、膳食合理。我们的主食也间接地来源于动物，如果没有大量的昆虫为植物授粉，植物就无法正常生长繁殖，人类哪有足够的粮食？

动物给人类提供了大量的健康药品。除一些植物可以入药外，动物中有些整体或部分也可以直接入药。我国的药用动物种类繁多，资源丰富，已知的药用动物有900余种，跨越了动物界中的8个门，从低等的海绵动物到高等的脊椎动物都有，比如牛黄、海马、麝香、虎骨、蜈蚣、水蛭、全蝎、蜂王浆、乌贼骨、鸡内金等都是很好的药材。

我们夏天穿的真丝衣物就是用桑蚕丝加工而成的

动物给人类提供了多种衣服原料。原始人穿的兽皮直接来源于动物，现代人穿的衣服也离不开动物。我们夏天穿的真丝衣物就是用桑蚕丝加工而成的，冬天穿的羊毛制品、貂绒大衣、皮夹克、羽绒服等，这些毛、皮和羽毛都是由动物提供的，所以动物可以为人类抵御酷暑，阻挡风寒。

动物还给人类做了许多力所能及的事。骆驼负重带人们走出沙漠；大象帮助人类运送木材；牧羊犬帮助人们放牧牛羊；导盲犬像盲人的眼睛，帮助盲人朋友们正常生活、工作；灾难发生后，搜救犬利用它们灵敏的嗅觉挽救了无数人的生命；一些可爱的宠物给老年人的晚年生活带去无穷的乐趣，使他们摆脱孤独；等等。

动物为科学研究提供了大量资料。人类通过研究动物的一些生活习性，创造了仿生学，研制出许多高科技产品促进了人类的进步，比如与蝙蝠有关的雷达、与海豚有关的声呐、与青蛙有关的电子蛙眼、与鱼有关的潜水艇、与飞鸟有关的飞机、与萤火虫有关的人工冷光、与蝴蝶有关的人造卫星控温系统，等等。

作为地球大家庭中的一员，保护动物就是保护我们自己

动物为人类付出了很多，我们应该珍惜和爱护它们，把它们当作朋友，平等相待。人类是生物圈中的一员，人与动物的关系就像多米诺骨牌，一个物种的消失会引起相关的多个物种消失，所以作为地球大家庭中的一员，保护动物就是保护我们自己。如果地球上没有了鸟语虫鸣，蜂飞蝶舞，那将是一个没有活力的世界，不要让我们的孩子只能在博物馆里见到今天的动物，不要让人类成为最后的一种动物。